Dan Cederholm

CSS3 POUR LES WEB DESIGNERS

ÉDITIONS EYROLLES
61, bld Saint-Germain
75240 Paris Cedex 05
www.editions-eyrolles.com

Traduction autorisée de l'ouvrage en langue anglaise
intitulé *CSS3 FOR WEB DESIGNERS* de Dan Cederholm
(ISBN : 978-0-9844425-2-2), publié par A Book Apart LLC

Adapté de l'anglais par Charles Robert

ISBN : 978-2-212-12987-8

Dans la même collection

HTML5 pour les Web Designers, Jeremy Keith, 2010, 96 pages.

TABLE DES MATIÈRES

AVANT-PROPOS

Un site Web, ce n'est pas la même chose qu'un dessin de site Web. Quand une personne crée un design sous Photoshop et qu'une autre personne le traduit en HTML et en CSS, le programmeur doit essayer de deviner et d'appréhender l'intention du designer. Ce processus d'interprétation ne va jamais sans heurts, sauf quand le programmeur s'appelle Dan Cederholm. Quand Dan code le design de quelqu'un d'autre, il a tout bon, y compris là où le designer a tout faux. Par exemple, Dan traduit forcément les dimensions fixes du design réalisé sous Photoshop en un code flexible, accessible et pare-balles. (Dan a inventé l'expression « Web design pare-balles[1] » pour illustrer ses propos.)

Pour Dan, flexible ne veut jamais dire vague. Les détails ont toujours leur importance. Car Dan n'est pas seulement un développeur d'interfaces brillant au service des utilisateurs, il est aussi designer jusqu'à la moelle. Il pense design, rêve design, il a même offert au monde une nouvelle façon de partager le design sur dribbble.com. Dan est également un pédagogue né, doublé d'un type marrant, dont le ton pince-sans-rire ferait passer Woody Allen pour un joyeux drille. Dan est partout, il aide les designers à se perfectionner, sans se contenter d'instruire : il élève.

Voilà pourquoi, chers amis, nous lui avons demandé d'être notre (et votre) guide pour CSS3. On n'aurait pu rêver de quelqu'un de plus intelligent, de plus expérimenté, de plus axé sur le design et les standards du Web que notre Dan international. Bon voyage !

Jeffrey Zeldman

1. *Bulletproof web Design* (NdT).

1 UTILISER CSS3 AUJOURD'HUI

En se penchant sur le passé illustre de CSS, on y retrouve quelques avancées majeures qui ont guidé nos carrières de Web designers. Ces techniques, ces articles et ces événements déterminants nous ont aidés à créer des sites Web flexibles et accessibles dont nous pouvons être fiers, tant visuellement que techniquement.

On peut dire que les choses commencèrent à devenir intéressantes en 2001, quand Jeffrey Zeldman écrivit « To Hell With Bad Browsers[1] » (http://bkaprt.com/css3/1/)[2], augurant les prémices de l'âge de CSS. Ce manifeste incitait les designers à ne pas se contenter d'utiliser les CSS pour gérer la couleur et la police des liens et à faire preuve d'initiative, sans se préoccuper de ces vieux navigateurs incapables de comprendre CSS1. Oui, CSS1.

Les quelques années qui suivirent furent employées à créer et à partager des techniques utilisant CSS, dans le but de satisfaire

1. Au diable les mauvais navigateur ! (NdT)

2. Adresse complète : http://www.alistapart.com/articles/tohell/

nos clients et nos patrons. Ce fut une période stimulante au cours de laquelle nous avons expérimenté, repoussé les limites et trouvé des méthodes complexes pour résoudre les différences de rendu entre navigateurs — tout cela au nom d'une plus grande souplesse, d'une meilleure accessibilité et d'un code allégé.

Aux alentours de 2006, CSS faisait de moins en moins parler de lui. La plupart des problèmes rencontrés avaient été résolus. Les bugs les plus courants des navigateurs pouvaient être contournés de diverses façons. Des groupes de soutien venaient en aide aux designers traumatisés par les bugs insondables d'Internet Explorer. Nos cheveux commençaient à grisonner (bon, les miens en tout cas). Blague à part, la cuvée des navigateurs du moment commençait à croupir. Cette période de statu quo nous a, certes, permis de concevoir des approches reproductibles et d'établir des bonnes pratiques, mais les aficionados de CSS en quête d'outils plus puissants commençaient, osons le dire, à s'ennuyer ferme.

Heureusement, les choses évoluèrent. Les navigateurs commencèrent à offrir des mises à jour plus fréquentes (certains d'entre eux en tout cas). Firefox et Safari commençaient non seulement à se tailler une meilleure part de marché, mais bénéficiaient également d'un cycle de développement plus rapide, supportant les standards les plus répandus, ainsi que des propriétés plus expérimentales. Bien souvent, les technologies que ces navigateurs précurseurs choisissaient d'implémenter étaient reprises dans les brouillons des spécifications. En d'autres termes, c'étaient parfois les créateurs de navigateurs eux-mêmes qui faisaient avancer la spécification.

MAIS NE LISEZ PAS LA SPÉCIFICATION

Demandez à une tablée de Web designers « qui aime lire les spécifications ? », peut-être qu'une personne lèvera la main. (Si vous êtes cette personne, vous avez trop de temps libre.) Bien qu'elles soient importantes à titre de référence, il n'est clairement pas dans mes habitudes de lire des spécifications dans leur intégralité, et je ne recommanderai à personne de se donner cette peine pour comprendre CSS3 dans son ensemble.

La bonne nouvelle, c'est que CSS3 est en fait une série de modules, conçus pour être implémentés séparément et indépendamment les uns des autres. C'est une très bonne chose. Cette approche segmentée a permis à certaines parties de la spécification d'évoluer plus (ou moins) vite que d'autres, tout en encourageant les créateurs de navigateurs à implémenter les morceaux les plus aboutis avant que CSS3 ne soit prêt dans son intégralité.

Le W3C explique le choix de cette approche modulaire :

> *Plutôt que d'essayer de faire rentrer des douzaines de mises à jour dans une seule spécification monolithique, il sera bien plus simple et plus efficace d'actualiser séparément différents éléments de la spécification. L'utilisation de modules permettra de mettre à jour CSS de manière plus précise et opportune, permettant ainsi à la spécification dans son ensemble d'évoluer de manière plus flexible et optimale.*[3]

L'avantage de cette approche pour nous autres, Web designers, c'est qu'en plus de pouvoir expérimenter et de bénéficier de cycles de développement plus rapides, nous pouvons utiliser de nombreuses propriétés CSS3 sans avoir à attendre qu'elles deviennent des recommandations candidates, ce qui pourrait prendre des années.

Évidemment, si vous aimez lire les spécifications, ne vous en privez surtout pas ! Il y a naturellement de nombreux enseignements à en retirer, mais il est bien plus pragmatique de s'intéresser à ce qui est déjà implémenté et utilisable aujourd'hui, et c'est de cela que traite le reste de ce chapitre. Nous verrons des exemples d'application au fil du livre.

J'ai toujours appris plus de choses sur le Web design en disséquant des exemples dans leur environnement naturel qu'en lisant de la documentation, et c'est là-dessus que nous insisterons dans les prochaines pages.

3. http://www.w3.org/TR/css3-roadmap/#whymods

TOUT LE MONDE PEUT UTILISER CSS3

J'entends souvent cette même phrase sortir de la bouche des Web designers à travers le monde : « J'ai tellement hâte d'utiliser CSS3… quand il sera prêt. »

En réalité, tout le monde peut commencer à utiliser CSS3 dès maintenant, sans pour autant devoir penser différemment ou changer radicalement de méthode. Comment, me demanderez-vous ? En choisissant soigneusement le domaine d'application : en se focalisant exclusivement sur la couche d'expérience.

Cibler la couche d'expérience

Depuis quelques années, les bonnes pratiques consistent à créer une structure basée sur les standards du Web (HTML sémantique et CSS pour la mise en page, la typographie, la couleur, etc.), en confiant l'essentiel des effets interactifs - l'animation, la réactivité et le mouvement - à des technologies comme Flash et JavaScript. Les propriétés CSS3 étant lentement mais sûrement implémentées dans les navigateurs les plus évolués, nous pouvons commencer à déplacer une partie de cette couche d'expérience vers nos feuilles de style.

Je suis un designer d'interfaces plus porté sur l'aspect visuel que la programmation. Si les outils qui me sont familiers, comme l'HTML et CSS, me permettent d'apporter une expérience riche aux utilisateurs, je ne vais certainement pas m'en plaindre.

CSS3 est là pour les Web designers comme vous et moi, et nous pouvons commencer à en utiliser certaines parties dès aujourd'hui, du moment que nous savons où et comment les appliquer.

Où appliquer CSS3

Pour définir l'expérience visuelle d'un site Web, on peut établir deux catégories : le domaine critique et le domaine non critique (TABLEAU 1.01).

CRITIQUE	NON CRITIQUE
Identité visuelle	Interaction
Utilisabilité	Récompenses visuelles
Accessibilité	Réactivité
Mise en page	Mouvement

TABLEAU 1.01 : L'expérience visuelle d'un site Web peut être divisée en deux catégories, critique et non critique. Cette dernière correspond au domaine où nous pouvons appliquer CSS3 dès aujourd'hui.

Certains domaines, comme l'identité graphique, l'utilisabilité et la mise en page sont des facteurs essentiels au succès d'un site Web. Il serait donc risqué d'utiliser ici une technologie qui n'est pas pleinement supportée par tous les navigateurs.

Par exemple, la spécification CSS3 en construction inclut de nombreux brouillons pour le contrôle de la mise en page, un domaine où les besoins sont gigantesques.

Cela fait des années que l'on torture la propriété `float` pour gérer la mise en page. On fait avec, mais un véritable moteur de mise en page est une nécessité absolue.

Cela étant, deux des trois nouveaux modules de mise en page de CSS3 ne sont encore implémentés sur aucun navigateur. Ils sont toujours en construction et certains vous diront qu'ils sont confus, difficiles à comprendre, et qu'ils ne sont donc vraisemblablement pas la solution ultime à tous nos problèmes. En fait, pour une chose aussi importante que la mise en page, CSS3 n'est tout bonnement pas le bon outil. Pour le moment.

De l'autre côté du spectre se trouvent les événements non critiques comme l'interaction (hover, focus, éléments de formulaires, flexibilité de la fenêtre d'affichage ou viewport) et les variations graphiques (ainsi que les animations) résultant de ces interactions. Il est bien moins crucial d'avoir une expérience identique sur tous les navigateurs pour ces événements ; c'est donc l'endroit idéal pour appliquer certaines portions de CSS3 à l'intention des navigateurs qui les supportent déjà.

Ce sont ces événements non critiques qui nous intéresseront dans ce livre. Nous laisserons les caractéristiques plus importantes de la page intactes pour tous les navigateurs, quelle que soit leur compatibilité actuelle avec CSS3.

En ciblant ces domaines non critiques de l'expérience visuelle, on peut librement ajouter une couche de CSS3 pour enrichir l'interactivité d'un site Web sans risquer de perturber le message principal, la mise en page ou l'accessibilité.

PRINCIPALES PROPRIÉTÉS CSS3 UTILISABLES AUJOURD'HUI

La couche d'expérience semble donc être le domaine où nous pouvons, dès aujourd'hui, appliquer CSS3 en toute quiétude. Nous allons également devoir déterminer quelles sont les propriétés CSS3 utilisables, c'est-à-dire quelles portions de la spécification ont atteint un niveau d'implémentation suffisant pour être utilisées.

De gros morceaux de CSS3 n'ont encore été implémentés dans aucun navigateur. Le chantier avance. On pourrait s'intéresser à ces gros morceaux en gestation, mais mieux vaut se focaliser sur ce qui fonctionne déjà, et il y a de quoi faire, petits veinards !

Jetons un œil aux principales propriétés CSS3 que nous allons utiliser dans les exemples du livre (ci-après, et TABLEAU 1.02). Je ne fais ici que les présenter ; par la suite, nous creuserons la syntaxe avancée et nous verrons des exemples concrets.

PROPRIÉTÉ	SUPPORTÉE PAR
border-radius	3+ 3+ 1+ 10.5+ 9 beta
text-shadow	1.1+ 2+ 3.1+ 9.5+
box-shadow	3+ 3+ 3.5+ 10.5+ 9 beta
Images d'arrière-plan multiples	1.3+ 2+ 3.6+ 10.5+ 9 beta
opacity	1.2+ 1+ 1.5+ 9+ 9 beta
RGBA	3.2+ 3+ 3+ 10+ 9 beta

TABLEAU 1.02 : Propriétés CSS3 et les navigateurs qui les supportent.

border-radius

Arrondit les coins d'un élément selon le rayon spécifié. Fonctionne dans Safari 3+, Chrome 3+, Firefox 1+, Opera 10.5+ et IE9 Beta. Exemple :

```
.foo {
  border-radius: 10px;
  }
```

text-shadow

Propriété CSS2 (abandonnée en CSS2.1 puis réintroduite en CSS3) qui ajoute une ombre à l'hypertexte et dont les options permettent de définir la direction, la quantité de flou et la couleur de l'ombre. Fonctionne dans : Safari 1.1+, Chrome 2+, Firefox 3.1+ et Opera 9.5+. Exemple :

```
p {
  text-shadow: 1px 1px 2px #999;
  }
```

box-shadow

Ajoute une ombre à un élément. Syntaxe identique à `text-shadow`. Fonctionne dans Safari 3+, Chrome 3+, Firefox 3.5+, Opera 10.5+ et IE9 Beta. Exemple :

```
.foo {
  box-shadow: 1px 1px 2px #999;
  }
```

Images d'arrière-plan multiples

CSS3 offre la possibilité d'appliquer plusieurs images d'arrière-plan sur un élément (séparées par des virgules), contre une seule en CSS2.1. Fonctionnent dans Safari 1.3+, Chrome 2+, Firefox 3.6+, Opera 10.5+ et IE9 Beta. Exemple :

```
body {
  background: url(image1.png) no-repeat top left,
  url(image2.png) repeat-x bottom left,
  url(image3.png) repeat-y top right;
  }
```

opacity

Définit l'opacité d'un élément. Une valeur de 1 signifie complètement opaque, 0 signifie complètement transparent. Fonctionne dans Safari 1.2+, Chrome 1+, Firefox 1.5+, Opera 9+ et IE9 Beta.

Exemple :

```
.foo {
  opacity: .5; /* .foo sera transparent à 50 % */
  }
```

RGBA

RGBA n'est pas une propriété CSS, mais plutôt un nouveau modèle de couleur introduit dans CSS3, permettant de spécifier un niveau d'opacité en plus d'une valeur RVB. Fonctionne dans Safari 3.2+, Chrome 3+, Firefox 3+, Opera 10+ et IE9 Beta. Exemple :

```
.foo {
  color: rgba(0, 0, 0, 0.75); /* noir opaque à 75 % */
  }
```

Évidemment, cette liste est loin d'être exhaustive. CSS3 contient bien d'autres propriétés et outils, dont beaucoup sont encore en développement et ne sont implémentés dans aucun navigateur. Vous remarquerez cependant que chaque propriété citée précédemment a atteint un certain seuil d'interopérabilité : elle fonctionne avec au moins deux des principaux navigateurs. Et dans certains cas, la compatibilité est promise pour les futures versions d'Internet Explorer (et d'Opera).

Nous avons maintenant une jolie petite liste de propriétés avec lesquelles nous amuser, étant donné leur compatibilité relativement acceptable avec Safari, Chrome, Firefox et Opera. Elles ne fonctionnent pas encore partout, mais nous verrons plus loin pourquoi ce n'est pas un problème, et comment s'adapter à ce manque d'uniformité.

Ce dont nous ne parlerons pas

J'ai cité la poignée de propriétés CSS3 que nous allons utiliser fréquemment dans ce livre, mais qu'en est-il du reste ? J'ai choisi de ne pas être exhaustif, mais plutôt de parler des outils qui bénéficient d'une prise en charge assez large et stable pour être utilisables dès aujourd'hui dans la pratique.

D'autres portions de la spécification CSS3 peuvent également être utilisables à l'heure actuelle, mais elles n'entrent pas dans le champ d'étude ce de livre (et peuvent justifier l'écriture d'un livre à elles seules) :

1. Media Queries (http://www.w3.org/TR/CSS3-mediaqueries/)
2. Mise en page multicolonne (http://www.w3.org/TR/CSS3-multicol/)
3. Web fonts (http://www.w3.org/TR/CSS3-webfonts)

Assurez-vous de découvrir ces autres modules quand vous aurez fini ce livre.

PRÉFIXES DE NAVIGATEUR

Je disais précédemment que la spécification CSS3 était une série de modules qui étaient progressivement implémentés par les navigateurs. Dans certains cas, cette implémentation passe par le support expérimental : alors que la spécification est toujours en cours de construction au W3C, un créateur de navigateur peut décider de prendre en charge certaines propriétés, quel qu'en soit l'état d'avancement, pour les tester dans un environnement réel. C'est devenu une étape salutaire de la procédure, les retours d'expérience servant souvent à ajuster la spécification.

Un créateur de navigateur peut aussi décider d'implémenter une propriété expérimentale n'appartenant à aucune proposition de standard, mais susceptible d'en faire partie à l'avenir.

Souvent, ce support expérimental des propriétés CSS est géré par le biais d'un préfixe de navigateur de ce genre :

```
-webkit-border-radius
```

Ce mot-clef précédé d'un tiret et attaché au début du nom de la propriété signale que celle-ci est expérimentale, spécifique à l'implémentation du navigateur et à l'interprétation de la spécification en pleine évolution. Dès lors que la propriété expérimentale est intégrée à un module CSS3 abouti, le navigateur doit être en mesure d'interpréter le nom de la propriété sans l'aide du préfixe.

Chaque navigateur a son propre préfixe et ignorera les règles contenant des préfixes qu'il ne reconnaît pas.

Le TABLEAU 1.03 présente les navigateurs les plus répandus et leurs préfixes respectifs. Nous utiliserons les préfixes de WebKit, Mozilla et Opera dans les exemples des prochains chapitres.

WebKit	`-webkit-`
Mozilla	`-moz-`
Opera	`-o-`
Konqueror	`-khtml-`
Microsoft	`-ms-`
Chrome	`-chrome-`

TABLEAU 1.03 : Les navigateurs les plus utilisés et les préfixes correspondants.

Fonctionnement des préfixes de navigateur

Comment fonctionnent ces préfixes dans la pratique ? Nous utiliserons la propriété `border-radius` pour l'exemple. En admettant que nous voulions arrondir les coins d'un élément avec un rayon de 10 pixels, voici la marche à suivre :

```
.foo {
  -webkit-border-radius: 10px;
```

```
-moz-border-radius: 10px;
border-radius: 10px;
}
```

Les navigateurs utilisant WebKit (le moteur de Safari, Safari mobile et Chrome) et Gecko (le moteur de Firefox) supportent tous la propriété `border-radius` par le biais de leurs versions à préfixe, tandis qu'Opera supporte la propriété sans préfixe. IE9 supportera également `border-radius` sans l'aide d'un préfixe.

Ordre optimal

Quand vous utiliserez des préfixes de navigateur, faites attention à l'ordre dans lequel vous écrivez les règles de vos déclarations. Vous remarquerez dans l'exemple précédent que nous avons commencé par écrire la propriété avec préfixe, puis la propriété CSS3 sans préfixe.

Pourquoi mettre la véritable propriété CSS3 en dernier ? Parce que vos styles fonctionneront vraisemblablement dans d'autres navigateurs à l'avenir, élargissant progressivement vos perspectives. Et lorsqu'un navigateur implémentera enfin la propriété telle qu'elle est définie dans la spécification, cette véritable propriété, étant en queue de liste, prendra le pas sur la version expérimentale. Si la version à préfixe diffère de la véritable propriété, vous garantissez la suprématie de la norme finale.

Ne craignez pas les préfixes de navigateur !

Votre première réaction sera sans doute : « Beurk ! Encore du propriétaire ! » Pourtant je vous assure que c'est une avancée, et que c'est bien moins compliqué que les contorsions et la rigidité associées aux solutions sans CSS3. Et c'est également un aspect important de l'évolution de la spécification.

En utilisant ces propriétés dès maintenant par le biais des préfixes de navigateur, nous pouvons tâter le terrain tout en offrant un retour d'expérience non négligeable aux créateurs de navigateurs avant que la spécification ne soit finalisée. Souvenez-vous également que les préfixes sont généralement rattachés à des standards proposés. C'est très différent des bidouillages en CSS que nous avons tous déjà utilisés pour résoudre des problèmes d'interopérabilité.

Certains compareront les préfixes de navigateur aux petits détournements de syntaxe que nous sommes nombreux à avoir utilisés pour cibler des versions particulières d'un navigateur (par exemple, l'utilisation de `w\idth: 200px` ou de `_width: 200px` pour cibler des versions spécifiques de IE). Au contraire, ces préfixes sont un aspect important du processus de standardisation, permettant à une propriété d'évoluer au sein d'une implémentation concrète.

Comme Eric Meyer, expert de CSS, l'explique dans son article « Prefix or Posthack » sur A List Apart (http://bkaprt.com/css3/2/)[4] :

> *Les préfixes nous permettent de contrôler notre approche du code. Auparavant, nous devions nous faufiler dans les failles d'interprétation de la syntaxe pour seulement corriger les différences d'implémentation que l'on rencontrait. C'était une approche complètement réactive. Les préfixes sont une approche proactive.*

Il poursuit en suggérant que non seulement l'utilisation de préfixes est positive, mais qu'elle devrait être au centre du processus de standardisation, car elle :

> *… forcerait les créateurs de navigateurs et le groupe de travail à œuvrer ensemble afin de concevoir des tests permettant d'évaluer l'interopérabilité. Ces tests pourraient alors servir de guide pour optimiser l'interopérabilité plus rapidement. On pourrait littéralement livrer l'implémentation à préfixe dans une bêta publique et supprimer le préfixe dans la version suivante.*

4. Adresse complète : http://www.alistapart.com/articles/prefix-or-posthack/

Ne vous plaignez donc pas des préfixes de navigateur. Utilisez-les en sachant que vous faites partie d'un processus qui vous permet de faire votre travail aujourd'hui, tout en pavant la route vers un futur qui les verra disparaître.

Pourquoi toutes ces répétitions ?

Vous trouverez peut-être qu'il est idiot de répéter ce qui semble être la même propriété trois ou quatre fois pour chaque navigateur, et je pourrais vous l'accorder.

La réalité, c'est que des solutions sans CSS3 nécessiteraient certainement un code rigide et plus complexe, bien que sans doute moins répétitif.

Nous n'aurons pas besoin de nous répéter éternellement. Ce n'est qu'une étape temporaire mais nécessaire pour séparer les implémentations potentiellement variables de chaque navigateur de l'implémentation finale.

Avant de faire des merveilles avec la poignée de propriétés CSS3 utilisables et leurs préfixes respectifs, efforçons-nous de comprendre les bases des transitions CSS. En comprenant les transitions et leur fonctionnement, nous pourrons plus facilement les combiner avec d'autres propriétés pour créer des expériences exceptionnelles.

2 COMPRENDRE LES TRANSITIONS CSS

C'ÉTAIT L'ANNÉE 1997 et je me trouvais dans un appartement affreusement décrépit de la magnifique ville d'Allston dans l'État du Massachusetts. Je passais mes nuits à éplucher du code source et à apprendre l'HTML en autodidacte, et mes journées à emballer les CD d'un petit label local pour trois ronds (d'où l'appartement décrépit). Vous voyez certainement de quoi je parle.

Un beau soir, je brandis triomphalement le poing en signe de victoire. Je venais de programmer mon premier effet de survol en JavaScript. Ça vous rappelle quelque chose ?

Je me souviens encore de mon émerveillement en voyant le bouton grossier que j'avais hâtivement élaboré se « transformer » au passage du curseur de la souris. À l'époque, je savais à peine ce que je faisais, mais le simple fait de voir un élément de la page changer, dynamiquement, était, disons-le, magique.

En une décennie, beaucoup de choses ont changé en matière d'interactivité et d'expérience visuelle sur le Web. Historiquement, des technologies comme Flash et JavaScript ont apporté l'animation, le mouvement et l'interaction. Mais maintenant que les navigateurs commencent à implémenter les transitions et les transformations CSS, certaines de ces animations et autres ornements peuvent aisément être déplacés vers nos feuilles de style.

En 1997, mon premier rollover en JavaScript m'avait coûté plusieurs nuits d'intense réflexion, de nombreuses lignes de code qui me paraissaient alors complètement étrangères, et plusieurs images. Aujourd'hui, CSS3 permet des interactions bien plus riches et flexibles à l'aide de quelques lignes de code simples qui, par bonheur, se comportent sagement dans les navigateurs qui ne les supportent pas encore.

Comme je le disais au premier chapitre, nous pouvons commencer à utiliser certaines propriétés CSS3 dès maintenant, du moment que nous choisissons le bon domaine d'application. On peut dire la même chose des transitions CSS. Elles ne remplaceront certainement pas les technologies existantes comme Flash, JavaScript ou SVG (surtout faute d'une meilleure interopérabilité), mais elles peuvent être utilisées avec les principales propriétés CSS3 mentionnées au chapitre 1 (ainsi que les transformations et les animations CSS dont nous parlerons plus loin) pour élever la couche d'expérience d'un cran. Et surtout, elles sont relativement simples à implémenter pour le Web designer qui connaît déjà CSS. Quelques lignes de code suffisent.

Je présente les transitions CSS dès le chapitre 2, car nous allons les appliquer à de nombreux exemples dans la suite du livre. Il est préférable de comprendre les bases de la syntaxe et du fonctionnement des transitions avant de creuser l'étude de cas.

LA QUEUE QUI REMUE LE CHIEN

Développées à l'origine exclusivement par l'équipe de WebKit pour Safari, les transitions CSS sont maintenant un brouillon de travail de la spécification au W3C. (Les transformations et les animations CSS partagent cette même histoire, et nous en parlerons respectivement aux chapitres 4 et 6.)

Voilà l'exemple type d'une innovation indépendante devenue standard potentiel. Je dis potentiel, car ce n'est pour l'instant qu'un brouillon. Cependant, Opera a récemment ajouté la prise en charge des transitions CSS dans sa version 10.5 et Firefox a promis le support pour la version 4.0. En d'autres termes, bien que la spécification soit un brouillon en constante évolution, elle est assez stable pour qu'Opera et Firefox prennent la chose au sérieux et la supportent. Et surtout, les transitions CSS ne sont plus l'exclusivité de Safari.

Jetons un œil, si vous le voulez bien, au fonctionnement des transitions. Comme pour les propriétés CSS3 citées au chapitre 1, je ne fais que les présenter avec leur syntaxe de base afin que vous compreniez bien leur fonctionnement. Par la suite, nous ferons plein de trucs marrants avec les transitions. Nous les utiliserons pour polir les exemples des chapitres suivants, et vous serez au point pour les intégrer de façon appropriée dans vos propres projets.

MAIS QUE SONT CES TRANSITIONS CSS ?

J'aime comparer les transitions CSS à du beurre, un liant qui fluidifie les changements de valeur dans vos feuilles de style, lors d'interactions comme le survol d'un lien, un clic ou une mise en focus. Contrairement au vrai beurre, les transitions ne font pas grossir — il ne s'agit que de quelques règles simples à ajouter dans votre feuille de style pour enrichir certains événements de votre design.

Le W3C définit les transitions CSS très simplement (http://bkaprt.com/css3/3/)[1] :

> *Les transitions CSS permettent au changement de la valeur d'une propriété CSS de se produire progressivement sur une durée spécifiée.*

Ce lissage anime le changement d'une valeur CSS déclenché par un clic de la souris, une mise en focus, un état « active » ou tout autre changement affectant l'élément (y compris le changement de l'attribut `class` de l'élément).

1. Adresse complète : http://www.w3.org/TR/CSS3-transitions/

UN EXEMPLE SIMPLE

Commençons par un exemple simple. Nous allons ajouter une transition au changement de la couleur d'arrière-plan d'un lien. Au survol du lien, sa couleur d'arrière-plan va changer, et nous allons utiliser une transition pour lisser ce changement. Cet effet qui nécessitait auparavant l'emploi de Flash ou de JavaScript est maintenant réalisable avec seulement quelques lignes de CSS.

Le balisage est celui d'un hyperlien classique, du type :

```
<a href="#" class="foo">Transition-me !</a>
```

Nous allons ensuite ajouter une déclaration pour l'état normal du lien avec une petite marge interne et un arrière-plan vert clair, suivie du changement d'arrière-plan donnant un vert plus foncé au survol (FIG 2.01) :

```
a.foo {
  padding: 5px 10px;
  background: #9c3;
  }

a.foo:hover {
  background: #690;
  }
```

FIG 2.01 : L'état normal et l'état :hover du lien

Ajoutons maintenant une transition à ce changement de couleur d'arrière-plan, afin de lisser et d'animer la différence sur une durée spécifiée (FIG 2.02).

Pour le moment, nous n'utiliserons que les propriétés à préfixe qui fonctionnent dans les navigateurs utilisant le moteur WebKit (Safari et Chrome) pour simplifier les choses. Nous ajouterons par la suite les préfixes pour Mozilla et Opera.

```
a.foo {
  padding: 5px 10px;
  background: #9c3;
  -webkit-transition-property: background;
  -webkit-transition-duration: 0.3s;
  -webkit-transition-timing-function: ease;
  }

a.foo:hover {
  background: #690;
  }
```

FIG 2.02 : Il est difficile de représenter une transition animée sur le papier, mais c'est pourtant l'intention de cette image ; notez la transition fluide de l'arrière-plan vert clair vers le vert sombre.

Vous remarquerez les trois parties de la transition dans la déclaration :

- `transition-property` : propriété à laquelle la transition s'applique (dans ce cas, la propriété `background`).
- `transition-duration` : durée de la transition (0,3 secondes).
- `transition-timing-function` : courbe de vitesse de la transition (`ease`).

LA FONCTION DE TIMING (OU : « J'AURAIS VRAIMENT DÛ SUIVRE CES COURS DE MATHS »)

La valeur de la fonction de timing permet de faire varier la vitesse de la transition au fil du temps, en choisissant l'une des six possibilités suivantes : `ease`, `linear`, `ease-in`, `ease-out`, `ease-in-out` et `cubic-bezier` (qui vous permet de définir votre propre courbe de vitesse).

Si comme moi vous dormiez en cours de géométrie, pas de panique. Essayez simplement chacune de ces valeurs pour voir la différence.

Dans notre exemple, la durée de la transition est si rapide (à peine 0,3 secondes) qu'il serait difficile de faire la différence entre les six options. Pour les animations plus longues, le choix du timing prend toute son importance, la différence étant plus flagrante.

En cas de doute, `ease` (qui est également la valeur par défaut) ou `linear` seront tout à fait adaptés pour des transitions courtes.

DIFFÉRER LA TRANSITION

Revenons à notre exemple. Les transitions peuvent être différées par rapport à l'instant où l'événement déclencheur se produit à l'écran. Admettons par exemple que notre voulions que la transition d'arrière-plan se produise une demi-seconde après le survol du lien. Nous pouvons pour cela utiliser la propriété `transition-delay`.

```
a.foo {
  padding: 5px 10px;
  background: #9c3;
  -webkit-transition-property: background;
  -webkit-transition-duration: 0.3s;
  -webkit-transition-timing-function: ease;
  -webkit-transition-delay: 0.5s;
  }


a.foo:hover {
  background: #690;
  }
```

TRANSITIONS ABRÉGÉES

Nous pouvons simplifier de façon conséquente la déclaration de la transition (non différée) en utilisant la propriété de transition abrégée. C'est la syntaxe que nous utiliserons dans les prochains exemples.

```
a.foo {
  padding: 5px 10px;
  background: #9c3;
  -webkit-transition: background 0.3s ease;
  }

a.foo:hover {
  background: #690;
  }
```

Nous avons maintenant une règle bien plus compacte qui produit le même résultat.

Transition abrégée avec retardateur

Si nous voulons rajouter le retard d'une demi-seconde à la version abrégée de la transition, nous pouvons placer la durée à la fin de la règle, comme ceci :

```
a.foo {
  padding: 5px 10px;
  background: #9c3;
  -webkit-transition: background 0.3s ease 0.5s;
  }

a.foo:hover {
  background: #690;
  }
```

Évidemment, cette fabuleuse transition marche très bien dans les navigateurs WebKit, mais que fait-on des autres ?

INTEROPÉRABILITÉ

Comme je le disais plus haut, les transitions étaient développées à l'origine par WebKit et sont implémentées dans Safari et Chrome depuis la version 3.2, mais Opera les supporte également dans sa version 10.5 (http://bkaprt.com/css3/4/)[2] et Firefox 4.0 devrait franchir le pas (http://bkaprt.com/css3/5/)[3].

De ce fait, il est important d'ajouter les préfixes appropriés afin que nos transitions fonctionnent dans d'autres navigateurs au gré de leur implémentation.

EMPILER LES TRANSITIONS

Voici une déclaration revue et corrigée comprenant les préfixes `-moz-` et `-o-`, ainsi que la véritable propriété CSS3 `transition`. Une fois de plus, nous plaçons la propriété sans préfixe en dernier dans la pile afin de garantir que l'implémentation finale prévaudra sur les autres quand la propriété aura acquis son statut définitif.

```
a.foo {
  padding: 5px 10px;
  background: #9c3;
  -webkit-transition: background 0.3s ease;
  -moz-transition: background 0.3s ease;
  -o-transition: background 0.3s ease;
  transition: background 0.3s ease;
  }

a.foo:hover {
  background: #690;
  }
```

Grâce à cette pile, nous pouvons lisser ce changement de couleur d'arrière-plan dans les versions actuelles de Safari, Chrome et

2. Adresse complète : http://www.opera.com/docs/specs/presto23/css/transitions/

3. Adresse complète : https://developer.mozilla.org/en/CSS/CSS_transitions

Opera, ainsi que dans les futures versions des navigateurs qui choisissent de supporter la propriété.

ÉTATS DE TRANSITION

Je me rappelle avoir été un peu troublé quand j'ai commencé à jouer avec les transitions CSS pour la première fois. N'aurait-il pas été plus logique de placer les propriétés de transition dans la déclaration `:hover`, puisque c'est elle qui déclenche cette transition ? En fait, outre `:hover`, il existe d'autres états potentiels, et vous voudrez sans doute que la transition s'applique sur chacun de ces états sans avoir à la dupliquer.

Par exemple, vous pourriez vouloir que la transition se produise également sur les pseudo-classes `:focus` et `:active` du lien. Au lieu d'ajouter la pile de propriétés à chacune de ces déclarations, les instructions de transition sont attachées à l'état normal et ainsi déclarées une seule fois.

L'exemple suivant applique le même changement d'arrière-plan à l'état `:focus`. La transition sera ainsi déclenchée lors du survol et de la mise en focus du lien (à l'aide du clavier par exemple).

```
a.foo {
  padding: 5px 10px;
  background: #9c3;
  -webkit-transition: background 0.3s ease;
  -moz-transition: background 0.3s ease;
  -o-transition: background 0.3s ease;
  transition: background 0.3s ease;
  }
a.foo:hover,
a.foo:focus {
  background: #690;
  }
```

APPLIQUER UNE TRANSITION À PLUSIEURS PROPRIÉTÉS

Admettons qu'en plus de la couleur d'arrière-plan, nous voulions aussi changer la couleur du texte du lien et lui appliquer une transition. Pour ce faire, nous pouvons enchaîner plusieurs transitions en les séparant d'une virgule. Chaque transition peut avoir une durée et une fonction de timing différentes (FIG 2.03). (Le symbole » indique que la ligne se poursuit.)

```
a.foo {
  padding: 5px 10px;
  background: #9c3;
  -webkit-transition: background .3s ease, »
    color 0.2s linear;
  -moz-transition: background .3s ease, »
    color 0.2s linear;
  -o-transition: background .3s ease, color 0.2s linear;
  transition: background .3s ease, color 0.2s linear;
  }

a.foo:hover,
a.foo:focus {
  color: #030;
  background: #690;
  }
```

FIG 2.03 : L'état normal et l'état :hover du lien

APPLIQUER UNE TRANSITION À TOUTES LES PROPRIÉTÉS POTENTIELLES

Au lieu de lister plusieurs propriétés, on peut utiliser la valeur `all` pour appliquer une transition à toutes les propriétés disponibles.

Plaçons `all` dans notre exemple au lieu de lister `background` et `color` séparément. Les deux propriétés partageront désormais la même durée et la même fonction de timing.

```
a.foo {
  padding: 5px 10px;

  background: #9c3;
  -webkit-transition: all 0.3s ease;
  -moz-transition: all 0.3s ease;
  -o-transition: all 0.3s ease;
  transition: all 0.3s ease;
  }

a.foo:hover,
a.foo:focus {
  color: #030;
  background: #690;
  }
```

Voilà une façon pratique de capter tous les changements se produisant sur les événements `:hover`, :`focus` ou `:active` sans avoir à lister chaque propriété.

QUELLES SONT LES PROPRIÉTÉS CSS COMPATIBLES AVEC LES TRANSITIONS ?

Maintenant que nous avons réussi à appliquer une transition à l'arrière-plan et à la couleur d'un hyperlien, nous pouvons nous intéresser à de nombreuses autres propriétés, comme `width`, `opacity`, `position` et `font-size`. Un tableau listant toutes les propriétés (ainsi que leurs types) compatibles avec les transitions est disponible sur le site du W3C (http://bkaprt.com/css3/6/)[4].

4. Adresse complète : http://www.w3.org/TR/css3-transitions/#properties-from-css-

Les bénéfices pour la fluidité de l'expérience sont évidents. Nous utiliserons plusieurs de ces propriétés combinées aux transitions dans les prochains chapitres, au travers de nos études de cas.

POURQUOI NE PAS PLUTÔT UTILISER JAVASCRIPT ?

Dans la mesure où tous les navigateurs ne supportent pas (ou du moins ne promettent pas de supporter) les transitions CSS, vous vous demandez peut-être pourquoi ne pas utiliser plutôt une solution en JavaScript pour gérer cette animation. Des architectures très utilisées comme jQuery, Prototype et script.aculo.us permettent depuis quelque temps déjà de créer des animations qui fonctionnent dans tous les navigateurs.

Tout dépend de l'importance des transitions pour l'expérience. Le point sur lequel j'insisterai dans ce petit bouquin, c'est que vous pouvez adopter la simplicité et la flexibilité du CSS3 sans réserve si vous choisissez de l'appliquer au domaine approprié de l'expérience utilisateur, en enrichissant l'interactivité de la page. Généralement, l'animation de ces interactions, quand elle est gérée par des transitions CSS, n'entre pas en conflit avec l'identité visuelle, la lisibilité ou encore la mise en page du site Web. Par conséquent, la possibilité d'ajouter quelques lignes de CSS pour déclencher une animation simple et native dans les navigateurs qui la supportent (plutôt que de s'aider d'une architecture JavaScript) semble être une option raisonnable. Et je suis content que nous ayons cette option à notre disposition.

SOYEZ MALIN, SOYEZ SUBTIL

Comme avec n'importe quel outil tout neuf, il est important d'utiliser les transitions judicieusement. On peut aisément se laisser aller à ajouter des transitions sur toute la page, pour finalement aboutir à une sorte de monstre palpitant et pénible. Il est essentiel de déterminer où les transitions enrichissent l'expérience de l'utilisateur et où elles ne sont qu'un bruit superflu. Il est également crucial de s'assurer que la vitesse de la transition ne ralentit pas une action de l'utilisateur qui serait autrement instantanée. Utilisez-les avec prudence.

Pour avoir une idée des vitesses appropriées pour les transitions et les animations CSS, consultez l'article de Trent Walton sur le sujet : http://bkaprt.com/css3/7/[5].

Maintenant que nous avons une solide connaissance du fonctionnement de base des transitions CSS d'un point de vue technique, nous pouvons les utiliser pour fluidifier la couche d'expérience dans les exemples qui suivent, dès le tout prochain chapitre. Venons-en au fait.

5. Adresse complète : http://trentwalton.com/2010/03/22/CSS3-in-transition/

3 BRODER AVEC CSS3

NOUS AVONS PASSÉ LES DEUX PREMIERS CHAPITRES À NOUS FORMER, à nous mettre au parfum de ce qui était utilisable dès à présent dans CSS3. Nous avons également dit que la couche d'expérience était actuellement l'endroit le plus approprié pour appliquer CSS3.

Récapitulons les points importants dont nous avons parlé jusqu'à présent. Souvenez-vous :

1. Il existe des propriétés CSS3 essentielles qui sont utilisables dès maintenant.
2. Tout le monde peut utiliser ces propriétés dans ses propres projets, particulièrement en ciblant la couche d'expérience.
3. Les préfixes de navigateur nous permettent d'aller de l'avant et d'aider à tester des propriétés expérimentales dans un contexte réel.
4. Les transitions CSS ne sont plus une simple expérience propriétaire, mais un brouillon de spécification que d'autres navigateurs sont en train d'adopter. Alors utilisons-les !

Tout cela étant acquis, il est maintenant temps de nous amuser avec tous nos nouveaux jouets, et de les mettre à l'œuvre dans le contexte d'un design complet.

NOTRE ÉTUDE DE CAS

Pour la plupart des exemples suivants, j'utiliserai une étude de cas fictive de ma création : un hommage humoristique à toutes les choses laissées sur la Lune par les astronautes assez chanceux pour y avoir posé le pied (FIG 3.01). Il y a à l'origine de ce sujet une histoire qui se rapporte directement au thème de ce livre. Permettez-moi d'ouvrir une rapide parenthèse.

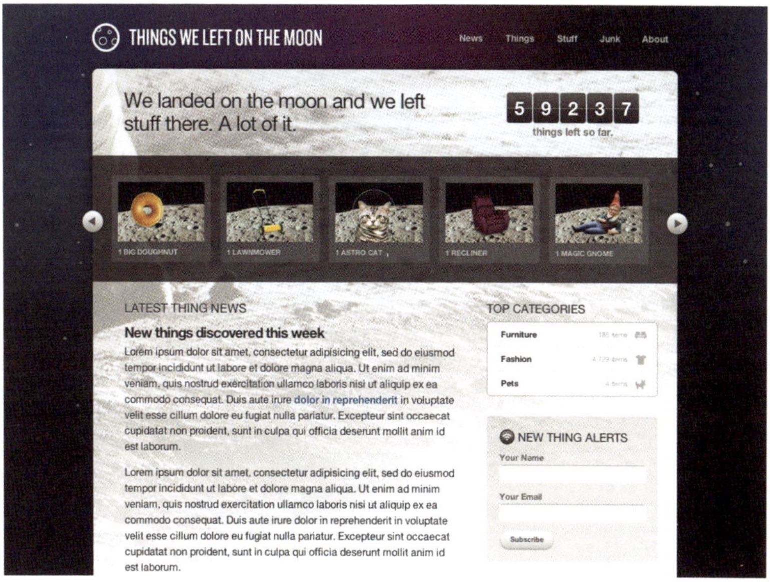

FIG 3.01 : Notre étude de cas fictive, *Things We Left on the Moon*.

Messages dans l'espace et sur le Web

En 1969, les astronautes Neil Armstrong et Buzz Aldrin sont devenus les premiers hommes à poser le pied sur la Lune. J'avais toujours été, comme tout un chacun, intéressé par les voyages spatiaux et la NASA, mais en entendant parler de la mission Apollo 11 à l'occasion de son quarantième anniversaire, j'ai eu envie de creuser davantage l'histoire et les événements entourant l'atterrissage. J'étais en particulier fasciné par tous les trucs qui avaient été laissés sur la Lune, et qui y sont encore à ce jour.

Parmi tous les objets laissés sur place, il y en a qui retint tout particulièrement mon attention, et qui est un exemple parfait de design d'expérience utilisateur. C'est un petit disque de silicium (à peine plus grand qu'une pièce de deux euros) sur lequel sont gravés des messages d'amitié des dirigeants de plus de soixante-dix pays du monde entier. Il vous faudra un microscope pour les lire : les limites en matière de place disponible à bord ont inspiré la conception d'un minuscule objet commémoratif, qui pouvait être apporté sur la Lune à l'intention des prochains visiteurs (FIG 3.02).

La NASA concevait en quelque sorte un objet en utilisant la dernière technologie du moment, à l'intention d'un public inconnu dans un futur proche ou lointain. Ça vous dit quelque chose ?

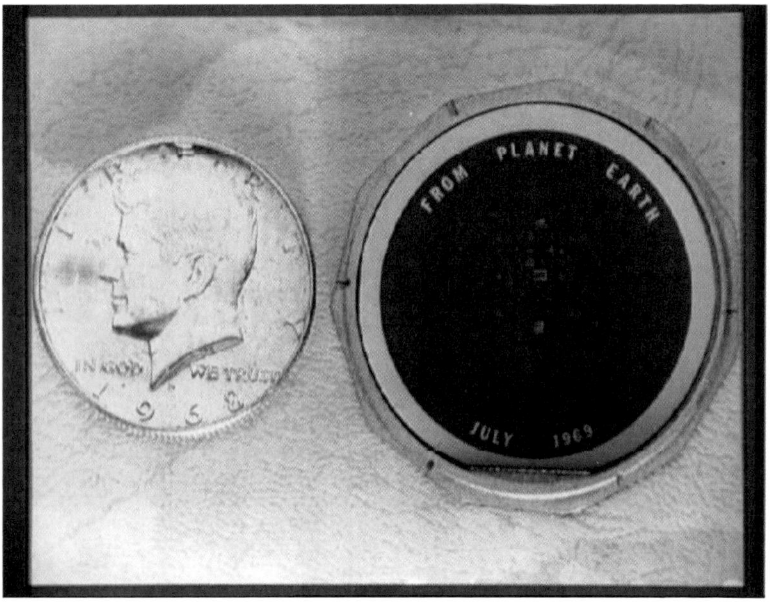

FIG 3.02 : Le petit disque de silicium (à peine plus gros qu'une pièce de 50 cents américain) laissé sur la Lune par les astronautes d'Apollo 11 (Nasa/avec l'aimable autorisation de nasaimages.org)

Plus tard, en 1977, un problème de conception similaire fut résolu pour les sondes Voyager 1 et Voyager 2 grâce au Golden Record : un enregistrement phonographique en cuivre plaqué or contenant des sons, des images et des schémas de la vie sur Terre (FIG 3.03). Cet enregistrement est en quelque sorte une bouteille lancée dans l'espace à l'intention de civilisations potentielles existant au-delà de notre système solaire. Sur la boîte sont gravées, dans un langage symbolique, la procédure pour lire l'enregistrement, la galaxie d'où il provient et d'autres instructions.

Tout comme le disque de silicium qui repose sur le sol poussiéreux de la Lune, le Golden Record a été conçu à l'aide de la dernière technologie disponible au moment de sa création, pour une expérience utilisateur comportant de nombreuses inconnues. Les destinataires extraterrestres sauront-ils voir, sentir et entendre son contenu ?

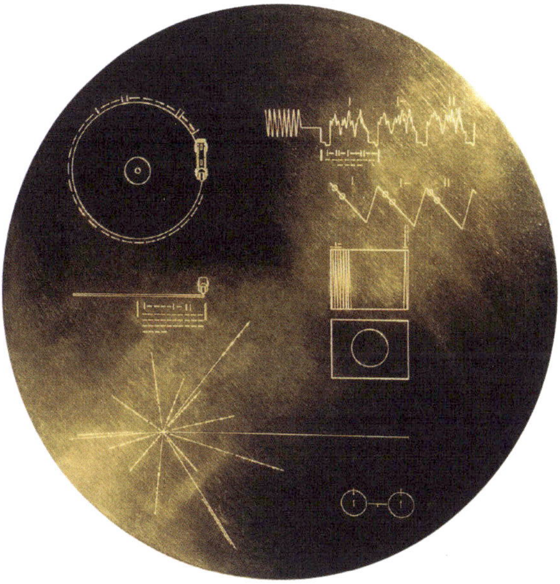

FIG 3.03 : La boîte plaquée or du Golden Record, un enregistrement phonographique embarqué dans les sondes Voyager 1 et 2. (Avec l'aimable autorisation de la NASA/JPL-Caltech)

Nous avons beaucoup à apprendre du disque de silicium laissé sur la Lune et du Golden Record qui fend le vide intersidéral. Nous pouvons en déduire que la meilleure technologie disponible peut permettre de transmettre un message à un public essentiellement inconnu.

Nous aussi, Web designers, envoyons des bouteilles à la mer quand nous publions nos créations sur le Web. Nous pouvons faire des suppositions sur le genre de lectorat, ce qu'il est capable de comprendre exactement, etc., mais nous ne sommes jamais informés à 100 %. Cela ne doit pas nous empêcher d'utiliser la meilleure technologie disponible pour délivrer le message et l'expérience qui l'accompagne, et qui sera plus ou moins détaillée selon les capacités de l'appareil.

Notre travail de designer ne consiste pas simplement à décorer la bouteille et à la rendre présentable, mais plutôt à trouver des moyens d'enrichir le récit et de mettre le message en valeur. CSS3 peut nous aider dès aujourd'hui dans cette tâche.

Vous savez maintenant pourquoi notre étude de cas rend hommage à ces messages laissés sur la Lune ou flottant dans l'espace. Il est grand temps de commencer à disséquer le site par petits morceaux. Il m'a semblé plus utile de rassembler toutes les techniques dont nous allons parler au même endroit. Vous pourrez utiliser ce modèle et tous les exemples comme bon vous semble dans un vrai site bien vivant.

Vous pouvez télécharger le code exemple de l'étude de cas à l'adresse http://CSS3exp.com/code.

Chacun des chapitres restants s'attaque à diverses séries d'exemples employant CSS3. Plutôt que d'essayer d'être exhaustif et de vous dire tout ce qu'il faut savoir sur CSS3, je vais faire tout le contraire : m'intéresser à des exemples ciblés et très spécifiques, tout en montrant comment ils fonctionnent dans un contexte simulé — des snacks à emporter que vous pourrez utiliser immédiatement après avoir digéré ces pages. Burp.

SURPRISE ET ÉMERVEILLEMENT

Un des aspects qui rend le Web si différent, si intéressant par rapport aux supports statiques, c'est l'interactivité. À l'inverse du papier, les pixels peuvent réagir, bouger, et même surprendre.

Et c'est cette interactivité qu'il est si facile d'enrichir avec CSS3 dans les navigateurs qui le supportent, sans que les autres se sentent floués.

Un excellent exemple de surprise et d'émerveillement utilisant CSS3 se trouve sur le site personnel du designer et développeur néerlandais Faruk Ateş (http://farukat.es). Dans la barre de navigation latérale se trouve une liste de liens vers divers réseaux sociaux qui, au survol, s'élargissent et prennent vie grâce à plusieurs traitements en CSS3 et une transition fluide (FIG 3.04).

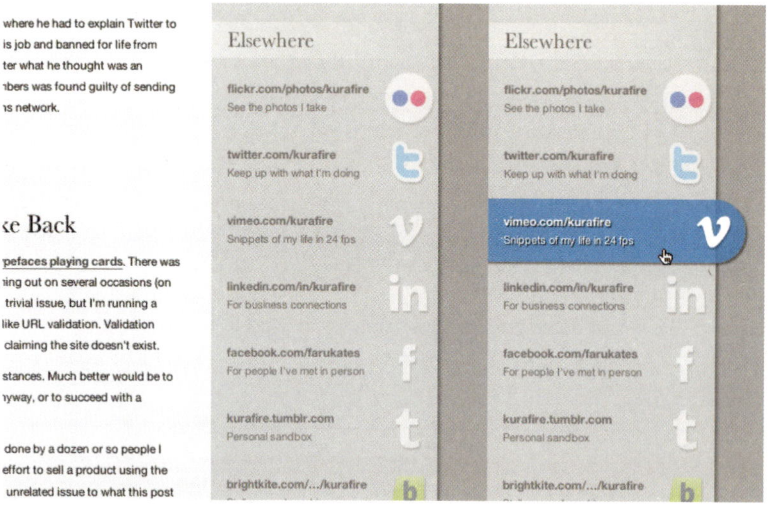

FIG 3.04 : La barre de navigation latérale et le traitement du survol sur le site de Faruk Ateş.

Ce qui ressemble à une liste normale comprenant du texte et des images devient tout à coup bien plus intéressant quand on interagit avec. C'est un exemple parfait d'enrichissement de la couche d'expérience, et Faruk utilise un certain nombre de propriétés CSS3 pour produire cet effet (dans les navigateurs qui les supportent).

La FIGURE 3.05 présente l'état par défaut et l'état au survol sous Internet Explorer 7, qui ne supporte pas CSS3 du tout. Vous remarquerez cependant que même si l'état au survol n'est pas aussi sophistiqué, l'expérience n'en reste pas moins utilisable, lisible et fonctionnelle. Sans compter que l'état par défaut est quasiment identique.

FIG 3.05 : Sous IE7, le site de Faruk Ateş ne présente pas le même traitement visuel qu'avec CSS3, mais cela ne pose aucun problème.

Le survol (ou la mise en focus) d'un élément est une occasion idéale pour broder un peu de CSS3. Les utilisateurs d'Internet Explorer recevront une expérience différente (jusqu'au jour ou le support des propriétés CSS3 sera implémenté), mais cette expérience alternative est tout à fait acceptable et habituelle, et franchement les utilisateurs d'IE ne sauront pas qu'ils manquent quelque chose.

Jusqu'au jour où ils essaieront Safari, Chrome, Firefox ou Opera chez un ami (et sentiront la jalousie les gagner).

LES SITES WEB DOIVENT-ILS OFFRIR EXACTEMENT LA MÊME EXPÉRIENCE DANS TOUS LES NAVIGATEURS ?

C'est une question importante (et tout à fait opportune à ce stade) à laquelle je tente de répondre sur ce site au nom de domaine démesuré (FIG 3.06) : http://dowebsitesneedtobeexperiencedexactlythesameineverybrowser.com.

FIG 3.06 : Le curieusement nommé http://dowebsitesneedtobeexperience dexactlythesameineverybrowser.com.

Comme avec l'exemple de Faruk, les choses deviennent intéressantes quand on commence à interagir avec le site. À la surface, le site a l'air quasiment identique dans la plupart des navigateurs, mais dès l'instant où la souris traverse l'écran et survole le texte (FIG 3.07), une série de propriétés, de transitions et de transformations CSS3 sont appliquées pour rendre l'expérience unique et mémorable.

FIG 3.07 : Une expérience enrichie se dévoile dès que l'on interagit avec le site. Merci à notre ami CSS3.

Une fois de plus, c'est dans la couche d'expérience que nous enrichissons progressivement le design. Le contenu central, la lisibilité, l'utilisabilité et le balisage restent cohérents et intacts.

PARCOURIR LA LUNE

Prenons maintenant notre étude de cas et utilisons CSS3 pour gérer le traitement du survol. Je vais détailler les étapes de la création de la barre de navigation supérieure du site (FIG 3.08), où nous allons combiner `border-radius`, `text-shadow` et RGBA à des transitions CSS pour créer une expérience qui surprend et émerveille.

FIG 3.08 : La barre de navigation supérieure de notre étude de cas au survol, enrichie en CSS3.

D'abord, le balisage

Comme nous sommes des pros de la sémantique, nous allons baliser la barre de navigation supérieure avec une bonne vieille liste non ordonnée.

```
<ul id="nav">
  <li><a href="#">News</a></li>
  <li><a href="#">Things</a></li>
  <li><a href="#">Stuff</a></li>
  <li><a href="#">Junk</a></li>
  <li><a href="#">About</a></li>
</ul>
```

Pas de bouleversement cataclysmique pour le moment, juste une structure appropriée pour commencer à appliquer des styles.

Positionnement des éléments

Commençons par utiliser la propriété `float` pour placer la liste sur la droite de la page puis ajoutons une petite marge interne ; faisons ensuite flotter chaque élément de la liste.

```
#nav {
  float: right;
  padding: 42px 0 0 30px;
  }

#nav li {
  float: left;
  margin: 0 0 0 5px;
  }
```

La FIGURE 3.09 présente le résultat. Notre liste est maintenant horizontale.

FIG 3.09 : Une liste de liens, rendue horizontale à l'aide de quelques règles CSS.

Styler la couleur des liens avec RGBA

Ajoutons maintenant une petite marge interne à chaque lien, et colorions-les d'un blanc légèrement transparent. Nous utiliserons RGBA pour obtenir un blanc (`255, 255, 255`) opaque à 70 % (`0.7`), afin de permettre au texte de s'imprégner un peu de la couleur d'arrière-plan (FIG 3.10).

```
#nav li a {
  padding: 5px 15px;
  font-weight: bold;
  color: rgba(255, 255, 255, 0.7);
  }
```

FIG 3.10 : Les liens colorisés avec RGBA, se fondant légèrement dans l'arrière-plan.

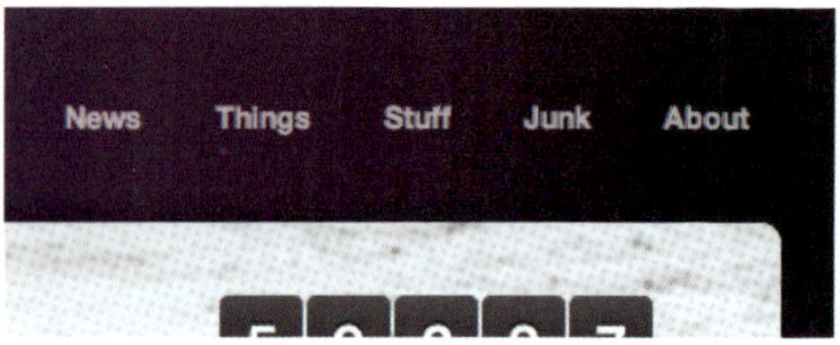

La FIGURE 3.11 présente un gros plan des liens, dont la légère transparence obtenue avec RGBA laisse à peine transparaître l'arrière-plan.

Offrir une alternative à RGBA

RGBA a beau être un outil incroyablement flexible permettant de spécifier un niveau d'opacité en plus de la couleur, il n'est pas pris en charge par tous les navigateurs. Les dernières versions de Safari, Chrome, Firefox et Opera le supportent toutes, et il fonctionne sous Internet Explorer 9, mais que fait-on d'IE6 à 8 ?

FIG 3.11 : Un gros plan des liens semi-transparents.

C'est là qu'une couleur de secours entre en jeu. Quand on utilise RGBA pour définir les couleurs, une bonne pratique consiste à spécifier une couleur simple en premier, comme solution de repli pour les navigateurs qui ne supportent pas encore RGBA.

```
#nav li a {
  padding: 5px 15px;
  font-weight: bold;
  color: #ccc;
  color: rgba(255, 255, 255, 0.7);
  }
```

Les navigateurs qui supportent RGBA outrepasseront la couleur simple (un gris clair `#ccc` dans le cas présent), tandis que les navigateurs qui ne supportent pas encore RGBA ignoreront la règle RGBA.

Voilà donc un point important à retenir : spécifiez des couleurs alternatives aux couleurs RGBA dans une règle distincte qui apparaît avant la règle RGBA.

Ajout de text-shadow

Pour la touche finale, utilisons `text-shadow` afin d'appliquer une ombre très légère. Nous allons à nouveau utiliser RGBA pour définir la couleur de l'ombre, un noir opaque à 50 % qui va se mêler à l'arrière-plan.

```
#nav li a {
  padding: 5px 15px;
  font-weight: bold;
  color: #ccc;
  color: rgba(255, 255, 255, 0.7);
  text-shadow: 0 1px 1px rgba(0, 0, 0, 0.5);
  }
```

La FIGURE 3.12 présente une comparaison entre les liens sans ombre (à gauche) et avec ombre (à droite), comme ils apparaissent dans Safari. C'est un détail à peine perceptible, pourtant cette ombre minuscule donne un léger relief au texte par rapport à l'arrière-plan.

Souvenez-vous que `text-shadow` fonctionne dans les versions actuelles de Safari, Chrome, Firefox et Opera. Les navigateurs qui ne supportent pas `text-shadow` (euh... IE) ignoreront la règle sans faire d'esclandre. Pas d'ombre, pas de problème.

Une fois l'ombre en place, nous sommes libres de passer au traitement de `:hover`. Et c'est là que CSS3 va vraiment nous venir en aide.

FIG 3.12 : Comparaison des liens avec (gauche) et sans `text-shadow` (droite).

Style des états hover et focus

Nous allons ajouter un changement de couleur et une couleur d'arrière-plan à l'état `:hover` de chaque lien. Une fois de plus, nous allons utiliser RGBA pour définir un arrière-plan blanc à moitié transparent derrière le texte au survol de la souris.

```
#nav li a {
  padding: 5px 15px;
  font-weight: bold;
  color: #ccc;
  color: rgba(255, 255, 255, 0.7);
  text-shadow: 0 1px 1px rgba(0, 0, 0, 0.5);
  }
#nav li a:hover,
#nav li a:focus {
  color: #fff;
  background: rgba(255, 255, 255, 0.15);
  }
```

Nous colorons donc le texte en blanc et nous ajoutons un arrière-plan blanc opaque à 15 % au survol. J'ai également décidé de déclarer ce style pour la mise en focus des liens. Les utilisateurs qui naviguent au clavier, par exemple, verront alors ce changement quand chaque lien sera sélectionné.

La FIGURE 3.13 présente les nouveaux états `:hover` (et `:focus`) des liens. Les navigateurs qui supportent RGBA auront droit à l'arrière-plan blanc semi-transparent derrière un texte blanc plus visible.

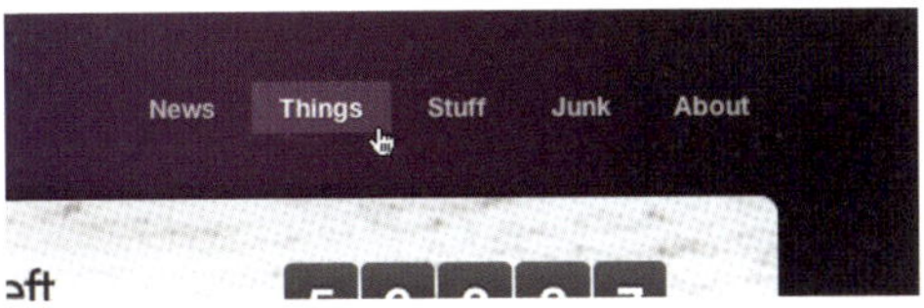

3.13 : L'état :hover, c un arrière-plan semi- sparent créé à l'aide RGBA.

Arrondir l'effet avec border-radius

Pour pousser le détail un peu plus loin, nous pouvons arrondir les coins de l'arrière-plan au survol en utilisant la propriété CSS3 `border-radius`, afin d'obtenir une forme de gélule dans les navigateurs qui la supportent.

En nous servant de ce que nous avons appris au chapitre 1 sur la propriété `border-radius` et les préfixes de navigateur qui nous permettent de l'utiliser dès maintenant, nous pouvons ajouter notre pile de propriétés à la déclaration du lien par défaut, comme suit :

```
#nav li a {
  padding: 5px 15px;
  font-weight: bold;
  color: #ccc;
  color: rgba(255, 255, 255, 0.7);
  text-shadow: 0 1px 1px rgba(0, 0, 0, 0.5);
  -webkit-border-radius: 14px;
  -moz-border-radius: 14px;
  border-radius: 14px;
  }

#nav li a:hover,
#nav li a:focus {
  color: #fff;
  background: rgba(255, 255, 255, 0.15);
  }
```

La FIGURE 3.14 présente le traitement de l'arrière-plan au survol avec les coins arrondis à l'aide de `border-radius`, tel qu'il apparaîtra dans Safari, Chrome, Firefox et Opera, ainsi qu'IE9. N'oubliez pas de placer la propriété `border-radius` sans préfixe à la fin de la liste pour que l'implémentation finale prévale. Par exemple, Safari 5 supporte maintenant la propriété `border-radius` sans préfixe ainsi que `-webkit-border-radius` depuis la version 4.

Vous vous demandez peut-être pourquoi je place les règles `border-radius` dans la déclaration `#nav li a` et non dans la déclaration `#nav li a:hover` (l'événement déclencheur). La réponse se trouve dans la transition CSS que nous allons ensuite ajouter pour peaufiner la manucure.

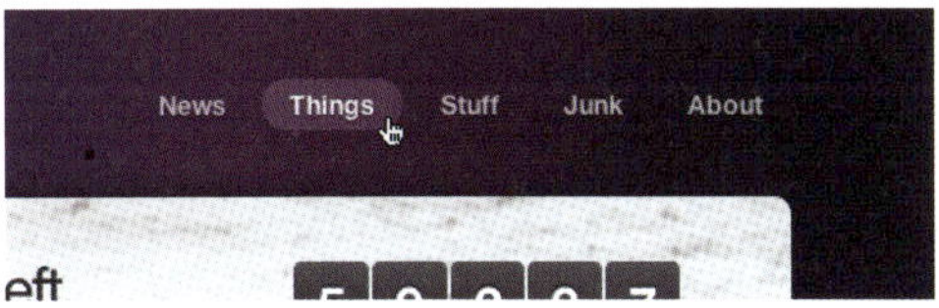

FIG 3.14 : Arrondi des coins de l'arrière-plan avec `border-radius`.

Ajout d'une transition

Pour finir, ajoutons une transition aux états `:hover` et `:focus` des liens de navigation en nous servant de ce que nous avons appris au chapitre 2. Cet effet subtil permettra de fluidifier l'apparition de la gélule d'arrière-plan. La transition lissera également le changement de la couleur du texte, d'un blanc semi-transparent à un blanc opaque (FIG 3.15).

FIG 3.15 : Imaginez, si vous y parvenez, l'animation une fois la transition en place.

Nous allons ajouter une pile de transitions fonctionnant dans Safari, Chrome, Firefox (4.0) et Opera, en plaçant la propriété `transition` sans préfixe en dernier dans la déclaration, en vue de l'implémentation potentielle de la propriété dans d'autres navigateurs (ou de prochaines versions).

```
#nav li a {
  padding: 5px 15px;
  font-weight: bold;
  color: #ccc;
  color: rgba(255, 255, 255, 0.7);
```

```
  text-shadow: 0 1px 1px rgba(0, 0, 0, 0.5);
  -webkit-border-radius: 14px;
  -moz-border-radius: 14px;
  border-radius: 14px;
  -webkit-transition: all 0.3s ease-in-out;
  -moz-transition: all 0.3s ease-in-out;
  -o-transition: all 0.3s ease-in-out;
  transition: all 0.3s ease-in-out;
  }

#nav li a:hover,
#nav li a:focus {
  color: #fff;
  background: rgba(255, 255, 255, 0.15);
  }
```

Rappelez-vous que nous appliquons les propriétés de transition à l'état normal de l'élément. Les transitions sont conçues ainsi afin que l'effet se produise à l'état `:hover`, mais également aux états `:focus` et `:active`.

J'utilise la valeur `all` dans notre transition pour capter tous les changements de propriété sur les états `:hover` et `:focus` (`color` et `background` dans ce cas). Nous aurions également pu obtenir la même transition en listant chacune de ces propriétés explicitement dans une liste, séparées par des virgules comme ceci :

```
-webkit-transition:
  color 0.3s ease-in-out,
  background 0.3s ease-in-out;
-moz-transition:
  color 0.3s ease-in-out,
  background 0.3s ease-in-out;
-o-transition:
  color 0.3s ease-in-out,
  background 0.3s ease-in-out;
transition:
  color .3s ease-in-out
  background .3s ease-in-out;
```

On voit bien que la valeur `all` est sensiblement plus concise et efficace pour appliquer une transition à plusieurs changements.

Broder l'expérience

Nous venons de détailler un exemple plutôt simple, consistant à ajouter diverses propriétés CSS3 à la couche d'expérience. Les navigateurs dignes de ce nom afficheront des liens avec une ombre portée sur un arrière-plan arrondi semi-transparent. Les navigateurs moins doués ne profiteront pas de l'expérience enrichie au survol des liens, mais ce n'est pas si grave. Ils verront une liste de liens horizontale sémantiquement structurée, et c'est ce qui compte vraiment.

Je crois que ce petit exercice démontre également à quel point il est facile de produire un effet qui aurait auparavant requis l'utilisation de Flash et/ou de JavaScript. Les règles CSS que nous avons utilisées sont simples, sans détour, et inoffensives pour les navigateurs qui ne les supportent pas encore.

Nous avons également rendu notre CSS3 durable en plaçant la propriété de la spécification finale en dernier. L'écriture de toutes ces règles avec tous ces préfixes est un effort nécessaire, dont les bénéfices n'ont pas de prix : pouvoir utiliser CSS3 maintenant pour enrichir l'expérience de nombreux utilisateurs.

EFFET DE SURVOL SIMPLE ET FLEXIBLE AVEC LA PROPRIÉTÉ OPACITY

Nous recherchons constamment des solutions pour gagner du temps et offrir une meilleure flexibilité. CSS3 nous offre précisément des solutions en pagaille : la possibilité d'obtenir, en quelques lignes de code, ce qui prenait auparavant plus de temps et de ressources à créer et à entretenir.

La propriété `opacity` est l'un des nombreux outils de notre atelier de broderie. Comme indiqué au chapitre 1, `opacity` est une propriété CSS3 qui permet de définir l'opacité d'un élément donné. Combinée avec RGBA, `opacity` offre la possibilité d'ajouter de la transparence à nos designs.

J'aime utiliser `opacity` pour appliquer des effets de survol simples et flexibles aux images servant d'hyperliens. J'utilise des changements de transparence pour créer plusieurs états à partir d'une seule image. Ajoutez une dose de transition CSS dans le shaker, secouez et vous aurez une expérience fabuleuse et facile à retravailler.

Regardons maintenant comment la propriété `opacity` est utilisée dans notre étude de cas lunaire.

Opacité des images cliquables

La FIGURE 3.16 présente le pied de page du site exemple sur la Lune. En dessous des mentions légales et de notre disclaimer choc se trouvent trois logos cliquables.

FIG 3.16 : Le pied de page de *Things We Left on the Moon.*

Nous allons utiliser la propriété `opacity` pour contrôler le traitement de `:hover` et de `:focus`, mais également pour définir le niveau de transparence initial. Une transition CSS se chargera ensuite de fluidifier et d'animer ce changement pour que l'effet soit complet.

Le balisage

Comme pour la barre de navigation supérieure, le balisage utilisé pour ces logos de pied de page est simple et sémantique ; c'est une simple liste non ordonnée d'images hyperliées :

```
<ul id="footer-logos">
  <li><a href="#"><img src="img/logo-sb.png" »
    alt="Logo SimpleBits" /></a>
  </li>
  <li><a href="#"><img src="img/icon-feed.png" »
    alt="Flux RSS" /></a>
  </li>
  <li><a href="#"><img src="img/icon-bitman.png" »
    alt="BitMan" /></a>
  </li>
</ul>
```

Opacité et efficacité des images

J'ai conçu des icônes au format PNG complètement opaques, sachant que je pourrais ensuite utiliser la propriété `opacity` pour ajuster le degré de transparence. Cette possibilité a changé ma façon de penser le graphisme de mes projets, dans certaines situations.

Au lieu d'enregistrer des PNG semi-transparents, j'enregistre des versions opaques (FIG 3.17) que je peux ensuite ajuster dans le navigateur. Non seulement je gagne du temps, mais je peux en plus faire varier le degré de transparence sur les états `:hover`, `:focus` et `:active` sans avoir à créer plusieurs jeux d'images.

FIG 3.17 : Les logos créés au format PNG sont entièrement opaques.

Style de la liste

Les premiers éléments de style vont permettre de centrer les images dans le pied de page, et de les placer à l'horizontale (FIG 3.18).

```
#footer-logos {
  text-align: center;
  }
#footer-logos li {
  display: inline;
  }
```

FIG 3.18 : Les PNG blancs centrés dans le pied de page.

Ajoutons maintenant les valeurs d'opacité qui vont mettre les icônes en veilleuse dans leur état par défaut, et les éclairer lors du survol ou de la mise en focus.

```
#footer-logos a img {
  opacity: 0.25;
  }

#footer-logos a:hover img,
#footer-logos a:focus img {
  opacity: 0.6;
  }
```

Nous affichons ici les images à 25 % d'opacité, puis nous augmentons celle-ci à 60 % lors du survol de la souris ou de la mise en focus (FIG 3.19). Facile, non ? Le tout avec un seul exemplaire de chaque image.

Notez que la propriété `opacity` ne prend pas de préfixe de navigateur, et fonctionnera dans Safari, Chrome, Firefox et Opera. IE8 et moins ne supportent pas `opacity`, mais il existe une solution pour ceux qui n'ont pas peur de se mouiller un peu.

FIG 3.19 : Présentation de l'état :hover des icônes dans le pied de page obtenu en ajustant la propriété opacity

La manip' pour IE

Heureusement, la propriété `opacity` est maintenant supportée par Internet Explorer 9 Beta, mais nous pouvons également simuler le même résultat dans les versions antérieures d'IE en utilisant une propriété propriétaire de Microsoft, `filter`.

Normalement, je ne conseillerais à personne d'utiliser la propriété `filter`, car à l'inverse des propriétés à préfixe, elle ne fait pas partie des standards proposés. De plus, la propriété `filter` peut affecter les performances suivant l'endroit où elle est employée. C'est du pur bidouillage, mais ça reste une solution.

Gardez tout cela à l'esprit, placez éventuellement cette propriété en quarantaine dans une feuille de style séparée, ou commentez-la soigneusement, et vous aurez une méthode viable.

La marche à suivre :

```
#footer-logos a img {
  border: none;
  opacity: 0.25;
  -ms-filter: "progid:DXImageTransform.Microsoft. »
    Alpha(Opacity=25)"; /* Hack IE 8 */
  filter: alpha(opacity = 25); /* Hack IE 5-7 */
  }

#footer-logos a:hover img,
#footer-logos a:focus img {
  opacity: 0.6;
```

```
-ms-filter:"progid:DXImageTransform.Microsoft. »
  Alpha(Opacity=60)"; /* Hack IE 8 */
filter: alpha(opacity = 60); /* Hack IE 5-7 */
}
```

La syntaxe est similaire, sauf que la valeur d'opacité passe par le filtre alpha d'IE. Notez qu'IE8 ignore la propriété `filter` et requiert l'apposition du préfixe `-ms-filter`, ainsi que quelques autres « cochonneries ».

Une fois notre petite combine en place, vous aurez le même résultat sous Internet Explorer (FIG 3.20). Je le répéte : utilisez ce trucage avec précaution, ou mieux : pas du tout. La triste réalité, c'est qu'il vous faudra sans doute l'utiliser si votre site engendre un trafic non négligeable d'utilisateurs sous IE (comme la plupart des sites).

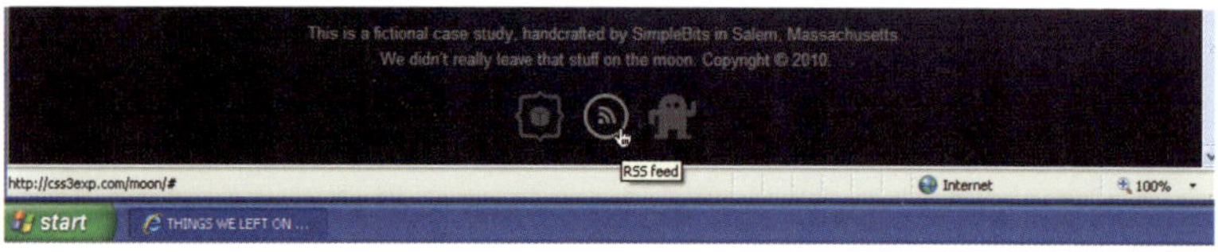

FIG 3.20 : Le pied de page sous IE7 avec le bidouillage en place, la propriété filter simulant la propriété `opacity`.

Ajout d'une transition

Pour finir, ajoutons une transition au changement d'opacité pour fluidifier le changement de cette valeur et amener une petite touche d'animation qui servira de liant.

Ajoutons la pile de transitions (que vous connaissez bien à ce stade) à la déclaration, en ciblant spécifiquement la propriété `opacity` cette fois-ci. Choisissons une durée plutôt courte (0,2 secondes) et une courbe de vitesse qui accélère puis décélère (`ease-in-out`).

```
#footer-logos a img {
  opacity: 0.25;
```

```
  -ms-filter: "progid:DXImageTransform.Microsoft. »
    Alpha(Opacity=25)'; /* Hack IE 8 */
  filter: alpha(opacity = 25); /* Hack IE 5-7 */
  -webkittransition: opacity 0.2s ease-in-out;
  -moz-transition: opacity 0.2s ease-in-out;
  -o-transition: opacity 0.2s ease-in-out;
  transition: opacity 0.2s ease-in-out;
  }

#footer-logos a:hover img,
#footer-logos a:focus img {
  opacity: 0.6;
  -ms-filter: "progid:DXImageTransform.Microsoft. »
    Alpha(Opacity=60)"; /* Hack IE 8 */
  filter: alpha(opacity = 60); /* Hack IE 5-7 */
  }
```

Une fois la transition en place, nous avons un superbe effet de survol, simple, flexible et qui n'utilise qu'un seul jeu d'images grâce à la propriété `opacity`.

BRODEZ LA TOILE

Comme je le disais plus haut, cette solution a affecté la manière dont je pense les éléments graphiques d'un design. Nous pouvons utiliser `opacity` pour contrôler les images de base, en les fondant dans l'arrière-plan, puis appliquer une valeur différente aux états `:hover`, `:focus` et `:active`, le tout lié par une transition pour les navigateurs qui le supportent.

Souvenez-vous de la propriété `opacity` la prochaine fois que vous créez un traitement de survol pour les images de vos propres designs. Vous gagnerez du temps et de la bande passante, et vous vous épargnerez la complexité inutile d'une quelconque solution alternative.

Broder avec CSS3 consiste à ajouter rapidement et efficacement des styles simples qui enrichissent la couche d'expérience, qui surprennent et émerveillent les utilisateurs des navigateurs concernés. Si leur navigateur ne supporte pas l'expérience de haute qualité que vous leur avez réservée, pas de problème, ils ne sauront pas qu'ils ratent quelque chose !

4 TRANSFORMER LE MESSAGE

Tout comme les transitions CSS, les transformations CSS étaient initialement développées par l'équipe de WebKit, avant de faire l'objet de deux brouillons de travail au W3C :

1. Transformations CSS 2D (http://www.w3.org/TR/CSS3-2d-transforms/)
2. Transformations CSS 3D (http://www.w3.org/TR/CSS3-3d-transforms/)

Dans ce livre, nous aborderons uniquement les transformations 2D, qui sont pour le moment les plus fonctionnelles. On pourrait écrire un livre entier sur les transformations 3D ; elles ont véritablement quelque chose de magique. Mais les transformations 2D ont plus d'avance en matière d'interopérabilité et fonctionnent sous Safari 3.2, Chrome 3.2, Firefox 4.0 et Opera 10.5 (tout comme les transitions).

Que sont donc ces transformations CSS ? Le W3C les définit ainsi :

Les transformations CSS 2D permettent de transformer des éléments rendus en CSS dans un espace bidimensionnel[1].

Voilà qui ne nous en dit pas long. La meilleure façon de comprendre les transformations, c'est de les voir en action.

Commençons donc par décortiquer un exemple simple qui utilise diverses transformations 2D pour animer une petite galerie de photos. Dans la deuxième partie du chapitre, nous appliquerons ces mêmes techniques au site sur la Lune.

TRANSFORMATION D'ÉCHELLE

Prenons une liste horizontale de trois photos subtilement encadrées, prises lors d'un récent voyage à Martha's Vineyard, une petite île au large du Massachusetts (FIG 4.01). C'est un modèle plutôt classique : une grille d'images hyperliées.

FIG 4.01 : Une grille de trois photos hyperliées.

Nous allons une fois de plus nous servir de notre fidèle liste non ordonnée pour programmer cette galerie.

```
<ul class="galerie">
  <li><a href="#"><img src="photo-1.jpg" /></a></li>
  <li><a href="#"><img src="photo-2.jpg" /></a></li>
```

1. http://www.w3.org/TR/CSS3-2d-transforms/#abstract

```
  <li><a href="#"><img src="photo-3.jpg" /></a></li>
</ul>
```

La FIGURE 4.02 présente la liste par défaut, sans aucun style appliqué. Vous remarquerez que les images sont un peu plus grandes que ce que nous voulons obtenir dans le design final. C'est intentionnel, et nous allons utiliser CSS pour les réduire.

FIG 4.02 : La liste des photos grand format, avant l'application de CSS.

Ajout du style

Ajoutons un peu de CSS pour rendre la liste horizontale et appliquer une bordure d'un pixel à chaque image (notez également que l'arrière-plan de la page est gris clair #eee).

```
ul.galerie li {
  float: left;
  margin: 0 10px;
  padding: 10px;
```

```
    border: 1px solid #ddd;
    list-style: none;
    }

  ul.galerie li a img {
    float: left;
    width: 200px;
    }
```

Nous avons utilisé la propriété `float` pour positionner les éléments de la liste, désactivé les puces de la propriété `list-style` et ajouté une bordure d'un pixel à chaque `li`. Nous avons également positionné les images elles-mêmes et les avons réduites à une largeur de 200 pixels.

Ces deux déclarations compactes suffisent à définir le design par défaut (voir FIG 4.01).

Application de la transformation d'échelle au survol

C'est le moment d'utiliser nos transformations. Ajoutons une transformation `scale` pour agrandir la photo au survol. Rappelez-vous que les images originales sont plus grandes que la largeur de 200 pixels spécifiée dans la feuille de style. Nous pouvons donc agrandir la photo sans nuire à sa qualité.

Les transformations d'échelle sont supportées par Safari, Chrome, Firefox et Opera, avec l'utilisation d'un préfixe. Créons une pile qui satisfait ces navigateurs, ainsi que les navigateurs futurs.

```
  ul.galerie li a:hover img {
    -webkit-transform: scale(1.5);
    -moz-transform: scale(1.5);
    -o-transform: scale(1.5);
    transform: scale(1.5);
    }
```

Au survol des hyperliens, la taille de l'image initiale (200 pixels) est multipliée par 1,5.

Une valeur de 2 donnerait une photo deux fois plus grande, 0,5 deux fois plus petite, etc.

La FIGURE 4.03 présente le résultat, ici sous Safari. Vous noterez que la transformation ne perturbe pas le reste des éléments du document et agrandit la photo à partir du centre sans affecter la mise en page environnante.

FIG 4.03 : La photo du milieu survolée par la souris, agrandie à l'aide d'une transformation CSS.

Vous pouvez également utiliser la propriété optionnelle `transform-origin` pour décaler l'origine de la transformation avec les valeurs `top`, `bottom`, `center` ou encore un pourcentage (consultez http://bkaprt.com/CSS3/8/)[2].

Par exemple, pour que la photo s'agrandisse à partir du coin inférieur gauche de son contenant au lieu du centre, on écrirait ceci :

```
ul.galerie li a:hover img {
  -webkit-transform-origin: bottom left;
  -moz-transform-origin: bottom left;
  -o-transform-origin: bottom left;
  transform-origin: bottom left;
  -webkit-transform: scale(1.5);
  -moz-transform: scale(1.5);
  -o-transform: scale(1.5);
  transform: scale(1.5);
  }
```

2. Adresse complète : http://www.w3.org/TR/css3-2d-transforms/#transform-origin

Une ombre portée appropriée

Nous allons pousser le détail et ajouter une ombre portée à la photo au survol. C'est l'occasion d'utiliser la propriété CSS3 `box-shadow` pour donner l'impression que la photo élargie se soulève de la page.

L'ombre portée, trop souvent utilisée comme cache-misère par les designers en panne d'inspiration, est une affaire délicate. Il est facile de s'emporter et d'en mettre des tonnes. Mais dans ce cas, nous essayons d'ajouter de la profondeur à l'élargissement de la photo ; cela devrait donc bien fonctionner.

La syntaxe de `box-shadow` est la même que celle de la propriété `text-shadow` que nous avons utilisée au chapitre 3. Seule différence, `box-shadow` requiert les préfixes de navigateur pour fonctionner sous Safari, Chrome et Firefox. (Opera 10+ et IE9 Beta supportent la propriété `box-shadow` sans préfixe.) Ajoutons les règles correspondantes.

```
ul.galerie li a:hover img {
  -webkit-transform: scale(1.5);
  -moz-transform: scale(1.5);
  -o-transform: scale(1.5);
  transform: scale(1.5);
  -webkit-box-shadow: 4px 4px 10px rgba(0, 0, 0, 0.5);
  -moz-box-shadow: 4px 4px 10px rgba(0, 0, 0, 0.5);
  box-shadow: 4px 4px 10px rgba(0, 0, 0, 0.5);
  }
```

Nous avons ajouté une pile de propriétés `box-shadow` pour les navigateurs WebKit et Mozilla compatibles, en terminant par la version sans préfixe, comme dans les exemples précédents.

Sur le plan de la syntaxe, nous appliquons ici une ombre noire et transparente à 50 % (afin qu'elle se fonde dans l'arrière-plan) sur l'image survolée, à `4px` du sommet, `4px` de la gauche et avec un flou de `10px`.

FIG 4.04 : La photo survolée, agrandie avec l'application de box-shadow.

La FIGURE 4.04 montre l'ombre apparaissant maintenant en même temps que la transformation `scale` lorsque la photo est survolée. Cette combinaison donne l'impression que la photo élargie ressort de la page.

Lissage du zoom avec une transition

Enfin, ajoutons une transition pour lisser la transformation et obtenir un effet de zoom avant/arrière au survol. Cet effet qui nécessitait auparavant l'utilisation de Flash ou JavaScript est maintenant réalisable dans de nombreux navigateurs avec seulement quelques lignes de CSS3.

Voici le code CSS complet de notre petite galerie de photos avec la pile de transitions :

```
ul.galerie li {
  float: left;
  margin: 0 10px;
  padding: 10px;
  border: 1px solid #ddd;
  list-style: none;
  }
```

```
ul.galerie li a img {
  float: left;
  width: 200px;
  -webkittransition: -webkit-transform 0.2s ease-in-out;
  -moz-transition: -moz-transform 0.2s ease-in-out;
  transition: transform 0.2s ease-in-out;
  }

ul.galerie li a:hover img {
  -webkittransform: scale(1.5);
  -moz-transform: scale(1.5);
  -o-transform: scale(1.5);
  transform: scale(1.5);
  -webkit-box-shadow: 4px 4px 10px rgba(0, 0, 0, 0.5);
  -moz-box-shadow: 4px 4px 10px rgba(0, 0, 0, 0.5);
  box-shadow: 4px 4px 10px rgba(0, 0, 0, 0.5);
  }
```

Notez cette fois-ci que nous appliquons une transition à la transformation `scale`, d'où l'utilisation des préfixes appropriés devant les propriétés `transition` et `transform`.

TRANSFORMER L'EXPÉRIENCE

Maintenant que tout est en place, le résultat est plutôt impressionnant pour quelques lignes CSS ! Nous avons chargé les navigateurs compatibles de gérer les effets au lieu d'injecter du Flash ou du JavaScript.

Une fois de plus dans cet exemple particulier, c'est dans la couche d'expérience que nous avons choisi d'utiliser pleinement CSS3 : quand la photo est survolée, nous offrons une vue améliorée. Les navigateurs qui ne supportent pas ces propriétés n'en mourront pas.

Les utilisateurs d'Internet Explorer, par exemple, verront simplement une galerie de miniatures cliquables, et c'est tout à fait suffisant.

Si le traitement du survol était critique, il nous faudrait repenser notre usage de CSS3 dans la conception l'expérience visuelle.

ROTATE, SKEW ET TRANSLATE

En plus de `scale`, il existe trois autres types de transformation : la rotation (`rotate`), la déformation (`skew`) et la translation (`translate`). (La translation déplace un élément selon des coordonnées x/y). Essayons rapidement chacune d'entre elles sur notre galerie de photo pour voir leur fonctionnement.

FIG 4.05 : Une photo survolée, agrandie et pivotée sur la gauche à l'aide d'une transformation `rotate`.

Ajout d'une rotation

Si nous voulons que la photo pivote lorsqu'elle est survolée, tout en conservant l'agrandissement, nous pouvons ajouter la transformation `rotate` suivante à la règle `:hover` :

```
ul.galerie li a:hover img {
  -webkit-transform: scale(1.5) rotate(-10deg);
  -moz-transform: scale(1.5) rotate(-10deg);
  -o-transform: scale(1.5) rotate(-10deg);
  transform: scale(1.5) rotate(-10deg);
  -webkit-box-shadow: 4px 4px 10px rgba(0, 0, 0, 0.5);
  -moz-box-shadow: 4px 4px 10px rgba(0, 0, 0, 0.5);
  box-shadow: 4px 4px 10px rgba(0, 0, 0, 0.5);
  }
```

Lors du survol de la photo, celle-ci est agrandie mais également pivotée de 10 degrés dans le sens antihoraire à l'aide de `rotate` (FIG 4.05). Cet effet fonctionnera dans Safari, Chrome, Firefox et Opera. Une valeur négative, comprise entre `-1deg et -360deg`, fera pivoter l'élément dans le sens antihoraire, et une valeur positive comprise entre `1deg` et `360deg` dans le sens horaire.

Nous pouvons également appliquer, en plus du traitement du survol, des rotations différentes à chaque élément de la liste dans son état de base, afin que les photos (et leur cadre) aient l'air d'avoir été jetées sur la table au hasard. (FIG 4.06).

FIG 4.06 : L'utilisation de rotate donne l'impression que les photos sont dispersées au hasard sur la page.

Je répète dans ce livre que le meilleur endroit pour appliquer CSS3 est la couche d'expérience, mais cela ne veut pas dire que vous ne pouvez pas appliquer ces techniques à la vue par défaut, du moment que le domaine critique n'est pas affecté et que les navigateurs non compatibles ne rencontrent pas de problème.

En effet, si un navigateur ne supporte pas les rotations et que les photos s'affichent normalement, rien ne laissera supposer qu'il y a un problème.

Pas de rotation ? Pas de panique !

Un bel exemple d'utilisation de `rotate` dans le design primaire d'une page est visible sur le blog de Panic Software (http://www.panic.com/blog), qui utilise une rotation très subtile à l'aide de CSS3 pour incliner les billets sur la gauche, comme des feuilles de papier laissées sur un bureau (FIG 4.07). Ce n'est pas un élément crucial du design, et si les billets apparaissent sans rotation (FIG 4.08), personne n'en sera malade.

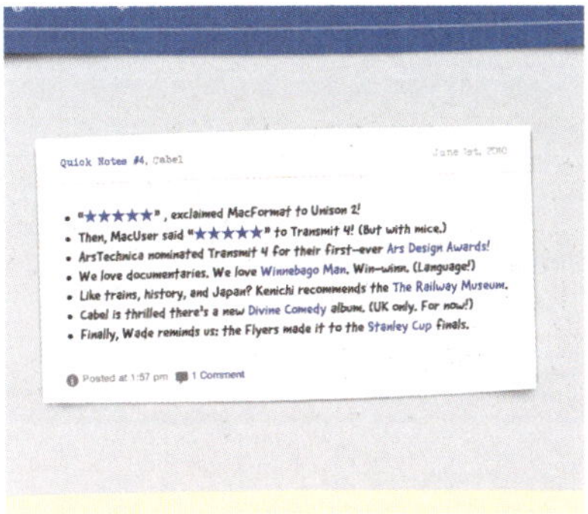

FIG 4.07 : Le blog de Panic Software utilise une subtile rotation via CSS3 pour plus de réalisme.

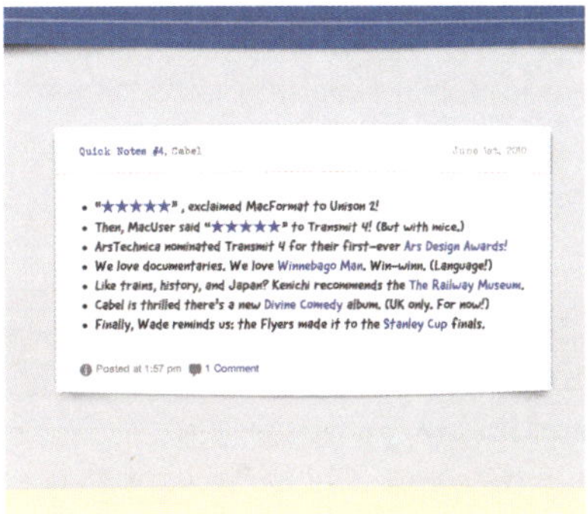

FIG 4.08 : Sans rotation, le blog est toujours impeccable, rien n'a l'air de manquer ou de ne pas fonctionner.

Faire tourner le soleil

Un autre bon exemple de l'utilisation appropriée des transformations CSS se trouve dans Outside (http://outsideapp.com), une superbe application météo pour iPhone (FIG 4.09).

FIG 4.09 : L'application iPhone Outside utilise une rotation pour faire tourner le soleil.

Au sommet de la page se trouve le dessin d'un soleil (FIG 4.10) qui tourne à 360° à l'aide de la transformation `rotate`. (Dans ce cas, JavaScript est utilisé pour animer la rotation dans les navigateurs non WebKit, mais nous parlerons d'animations 100 % CSS au chapitre 6). Cette subtile amélioration de l'expérience est simple et appropriée, car elle imite l'animation qui apparaît dans l'application iPhone elle-même. Le soleil ne tourne pas dans les navigateurs qui ne supportent pas les transformations CSS mais ce n'est pas un problème. Rien ne semble manquer ou ne pas fonctionner sur la version non animée du site.

FIG 4.10 : Le soleil de l'application Outside pivote et prend vie grâce à CSS.

Les transformations, combinées aux transitions, peuvent nous aider à mettre en valeur le message global de nos projets. Elles sont un outil inestimable pour nous autres Web designers.

La transformation skew

La transformation `skew` prend deux coordonnées x et y et déforme un élément sur deux axes. Par exemple, si l'on voulait appliquer une transformation `skew` aux photos de notre galerie, on utiliserait le code CSS suivant (avec `-5deg` sur l'axe des abscisses et `30deg` sur l'axe des ordonnées) (FIG 4.11) :

```
ul.galerie li a:hover img {
  -webkit-transform: scale(1.5) skew(-5deg, 30deg);
  -moz-transform: scale(1.5) skew(-5deg, 30deg);
  -o-transform: scale(1.5) skew(-5deg, 30deg);
  transform: scale(1.5) skew(-5deg, 30deg);
  }
```

FIG 4.11 : Utilisation de la transformation skew pour déformer la photo.

Comme rotate, skew peut prendre un angle positif ou négatif. Vous pouvez également utiliser la même valeur pour x et y comme ceci (FIG 4.12) :

```
ul.galerie li a:hover img {
  -webkit-transform: scale(1.5) skew(30deg);
  -moz-transform: scale(1.5) skew(30deg);
  -o-transform: scale(1.5) skew(30deg);
  transform: scale(1.5) skew(30deg);
  }
```

FIG 4.12 : Déformation de la photo de 30 degrés sur les deux axes.

Bon, je vois bien que ce que nous venons de faire subir à cette pauvre photo n'est pas franchement attrayant, et d'ailleurs j'avoue que je n'utilise pas skew très souvent ; pourtant, je suis convaincu qu'on peut lui trouver une utilité.

Par exemple, on pourrait utiliser skew sur des blocs de texte pour créer des graphismes en 3D, uniquement avec du HTML sémantique et schéma CSS3 (FIG. 4.13 et 4.14).

La transformation translate

Enfin, la transformation translate vous permet de déplacer un élément depuis sa position d'origine à l'écran, selon des coordonnées x et y.

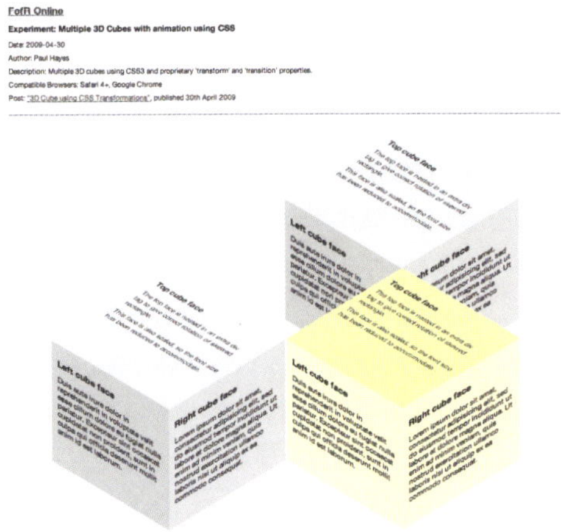

FIG 4.13 : Une démo de Paul Hayes utilisant skew et des transitions pour créer plusieurs cubes en 3D à partir de simples blocs d'hypertexte. (http://www.paulrhayes.com/experiments/cube/multiCubes.html).

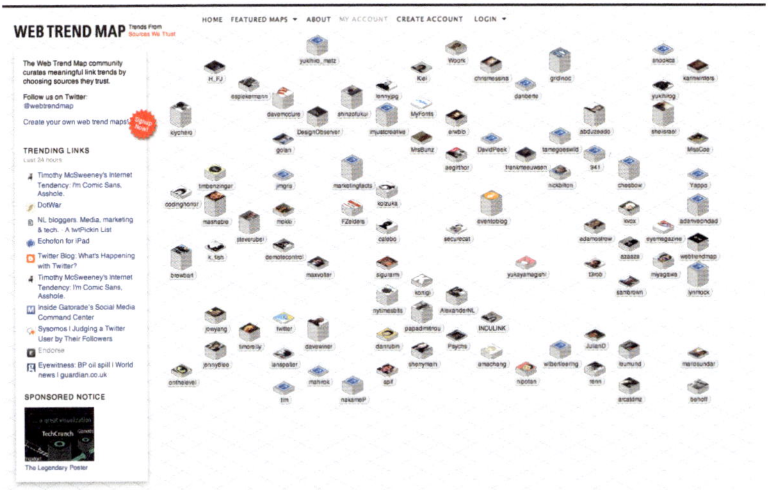

FIG 4.14 : Web Trend Map utilise skew pour placer des avatars sur une grille isométrique, créant un mode de visualisation unique à partir d'éléments normalement alignés (http://webtrendmap.com).

Par exemple, si nous voulions déplacer une image de la galerie au survol, nous pourrions utiliser `translate`. Avec notre transition en place, ce mouvement sera fluide.

Voici la syntaxe pour déplacer l'image de 20 pixels vers la droite et de 40 pixels vers le bas (FIG 4.15) :

```
ul.galerie li a:hover img {
  -webkit-transform: scale(1.5) translate(20px, 40px);
  -moz-transform: scale(1.5) translate(20px, 40px);
  -o-transform: scale(1.5) translate(20px, 40px);
  transform: scale(1.5) translate(20px, 40px);
  }
```

FIG 4.15 : Utilisation de la transformation `translate` pour déplacer la photo au survol.

Si nous voulions déplacer l'image vers la gauche et/ou le haut, il nous faudrait utiliser des valeurs négatives, par exemple `translate(-20px, -40px)`.

Tout comme les transformations susmentionnées, `translate` ne perturbe pas le reste du document et se contente de déplacer l'élément exactement là où vous lui dites d'aller. Vous n'avez donc pas à vous préoccuper des marges internes et externes, des éléments flottants ou du positionnement absolu. Donnez des coordonnées de translation à un élément et il s'y rendra.

DIFFÉRENTES TRANSFORMATIONS AU SERVICE DU MESSAGE

L'exemple de la galerie de photos démontre à quel point il est simple d'utiliser `scale`, `rotate`, `skew` et `translate` avec des transitions pour créer des expériences plus riches. La clef pour bien utiliser ces transformations consiste à identifier les situations où elles serviront véritablement le message.

On peut très vite se laisser emporter avec les transformations, simplement parce qu'elles sont amusantes et faciles à implémenter. Appliquez-les avec parcimonie dans la couche d'expérience et vous aurez un meilleur produit fini.

TRANSFORMER LA LUNE

Revenons à notre site exemple sur la Lune, où j'ai utilisé plusieurs transformations et transitions pour égayer un peu la galerie des miniatures (FIG 4.16).

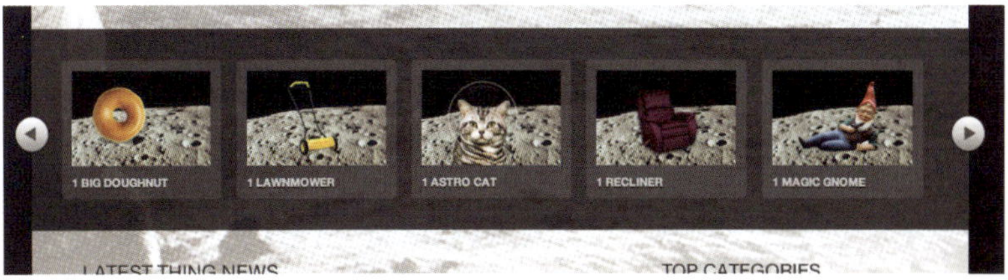

FIG 4.16 : Le diaporama de *Things We Left on the Moon*.

Au survol de chaque objet laissé sur la Lune, l'image réagit d'une façon différence selon la nature de l'objet en question : un donut, une tondeuse à gazon, un chat, etc.

Non seulement cette combinaison transformation/transition est amusante et simple à implémenter, mais en plus elle est inoffensive pour les navigateurs qui ne supportent pas les bouts de CSS3 qui rendent cette interaction possible.

Passons en revue chaque objet pour voir comment parfaire l'expérience en combinant `scale`, `rotate`, le positionnement et la propriété `opacity` avec des transitions.

Étayer le message

En réfléchissant au sens de chaque objet, on peut appliquer une transformation et/ou une transition qui étaye l'histoire de l'objet en question.

Comment réagiraient un gros donut ou un fauteuil inclinable à l'interaction ? Nous pouvons utiliser des transformations CSS3 adaptées pour enrichir l'expérience (FIG 4.17).

FIG 4.17 : Les objets que l'on va transformer.

Le balisage

Pour programmer ce curieux assemblage, la sémantique est plutôt simple : une simple liste ordonnée d'images hyperliées accompagnées de légendes.

```
<ol id="things">
  <li id="things-1">
    <a href="#"><img src="img/doughnut.png" /></a>
    <h2>1 big doughnut</h2>
  </li>
  <li id="things-2">
    <a href="#"><img src="img/mower.png" /></a>
    <h2>1 lawnmower</h2>
  </li>
  <li id="things-3">
    <a href="#"><img src="img/cat.png" /></a>
    <h2>1 astro cat</h2>
  </li>
  <li id="things-4">
    <a href="#"><img src="img/recliner.png" /></a>
    <h2>1 recliner</h2>
  </li>
  <li id="things-5">
    <a href="#"><img src="img/gnome.png" /></a>
    <h2>1 magic gnome</h2>
  </li>
</ol>
```

Vous remarquerez que nous avons ajouté un `id #trucs` à la liste elle-même, ainsi qu'un `id` à chaque élément de la liste, afin de pouvoir appliquer des transformations différentes à chaque élément.

Styles de base pour chaque élément

Nous allons ensuite définir le style de base pour chaque élément de la liste qui contient les images hyperliées. La déclaration suivante positionne les éléments à l'horizontale, active le positionnement relatif pour le contexte dans lequel nous allons ensuite placer chaque image de manière absolue, et enfin ajoute un arrière-plan à coins arrondis semi-transparent.

```
ol#things li {
  position: relative;
  float: left;
  margin: 0 15px 0 0;
  padding: 10px;
  background: #444; /* couleur de secours non RGBA */
  background: rgba(255, 255, 255, 0.1);
  list-style: none;
  -webkit-border-radius: 4px;
  -moz-border-radius: 4px;
  -o-border-radius: 4px;
  border-radius: 4px;
  }
```

Nous allons maintenant mettre l'image du sol lunaire en arrière-plan de chaque élément, et définir une largeur et une hauteur spécifiques pour chaque lien (FIG 4.18).

```
ol#things li a {
  float: left;
  width: 137px;
  height: 91px;
  background: url(../img/moon-137.jpg) »
    no-repeat top left;
  }
```

FIG 4.18 : Les éléments de la liste avec le sol lunaire en arrière-plan.

Déclaration fourre-tout

L'étape suivante consiste à créer une déclaration « fourre-tout » qui active le positionnement absolu des images dans chaque élément de la liste, donc par dessus l'arrière-plan du sol lunaire.

Nous allons positionner chaque élément différemment selon l'objet et utiliser diverses transformations, mais nous pouvons déclarer `position: absolute;` pour toutes les images afin de ne pas avoir à dupliquer cette règle pour chaque élément. Nous allons également ajouter une pile de transitions utilisant la valeur `all`. Ainsi, toute transformation ou changement que nous souhaitons appliquer sera lissé par une transition, quelle que soit la propriété CSS que nous décidons de faire varier.

```
ol#things li a img {
  position: absolute;
  -webkit-transition: all 0.2s ease-in;
  -moz-transition: all 0.2s ease-in;
  -o-transition: all 0.2s ease-in;
  transition: all 0.2s ease-in;
  }
```

Nous sommes maintenant prêts à ajouter la position exacte et la largeur de chaque image, en utilisant les `id` que nous avons ajoutés précédemment.

```
ol#things li#things-1 a img {
  width: 60px;
  top: 23px;
  left: 26px;
  }

ol#things li#things-2 a img {
  width: 50px;
  top: 20px;
  left: 50px;
  }
```

```
ol#things li#things-3 a img {
  width: 80px;
  top: 19px;
  left: 30px;
  }

ol#things li#things-4 a img {
  width: 70px;
  top: 25px;
  left: 45px;
  }

ol#things li#things-5 a img {
  width: 80px;
  top: 20px;
  left: 34px;
  }
```

J'ai créé des images d'une résolution suffisante pour que nous puissions les agrandir sans dépasser les dimensions d'origine.

Nous allons maintenant ajouter un traitement `:hover` unique sur chaque élément, sachant que notre déclaration fourre-tout lissera et animera n'importe quel changement.

Agrandir le gros donut

Le gros donut devient encore plus gros au survol ; nous allons donc utiliser la transformation `scale` pour agrandir l'image. Souvenez-vous que l'image d'origine est plus grande que les dimensions définies dans la feuille de style, afin que nous puissions l'agrandir sans perte de qualité.

```
ol#things li#things-1 a:hover img {
  -webkit-transform: scale(1.25);
  -moz-transform: scale(1.25);
  -o-transform: scale(1.25);
```

```
transform: scale(1.25);
}
```

Ces règles agrandiront le donut de 25 % au survol. La FIGURE 4.19 présente l'état normal et l'état au survol avec le donut agrandi.

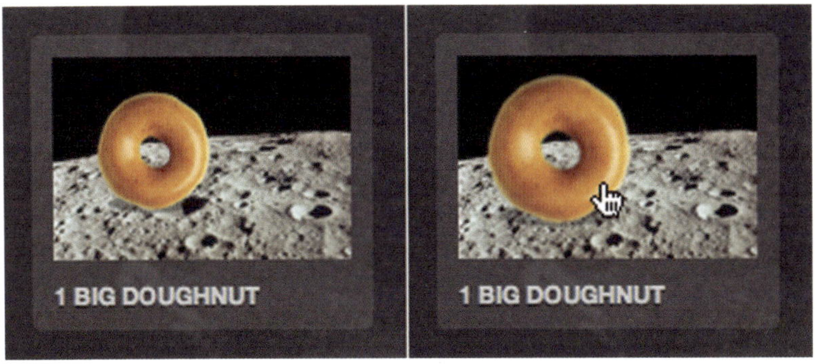

FIG 4.19 : Le gros donut est encore plus gros au survol grâce à la transformation `scale`.

Effet de perspective avec scale et un déplacement

Pour la tondeuse à gazon abandonnée sur la Lune, nous allons faire deux choses :

1. L'agrandir à l'aide d'une transformation.
2. La déplacer vers le bas à droite.

Ces deux changements combinés à la transition donnent l'impression que la tondeuse vous fonce dessus (attention !). L'effet est très subtil, mais simple et efficace.

Nous allons ajouter un déplacement de cinq pixels vers le bas et de 10 pixels vers la droite par rapport à la position par défaut, ainsi que notre pile de transformations pour agrandir la tondeuse de 20 %.

```
ol#things li#things-2 a:hover img {
  top: 25px;
  left: 60px;
  -webkit-transform: scale(1.2);
  -moz-transform: scale(1.2);
  -o-transform: scale(1.2);
  transform: scale(1.2);
  }
```

FIG 4.20 : Sur la tondeuse à gazon, un `scale` et un déplacement créent un effet pseudo-tridimensionnel.

La FIGURE 4.20 illustre l'état par défaut et l'état au survol, l'illusion qu'une tondeuse vous fonce dessus est complète.

L'insaisissable astrochat

Nous pouvons ajouter des transitions sur des propriétés de toute sorte (pas seulement des propriétés CSS3) ; le simple fait de lisser un déplacement de position peut donner l'impression que l'astrochat évite la souris.

En ajustant la position `left` de l'image au survol, la déclaration fourre-tout lisse ce mouvement, donnant l'impression que le chat glisse d'un côté à l'autre.

Nous allons déplacer le chat de 15 pixels vers la droite en augmentant la valeur `left` de `30px` à `45px` (FIG 4.21) :

```
ol#things li#things-3 a:hover img {
  left: 45px;
  }
```

Plutôt simple. C'est la transition CSS qui fait toute la différence (qu'il est difficile de retranscrire sur une feuille de pulpe de bois pressée).

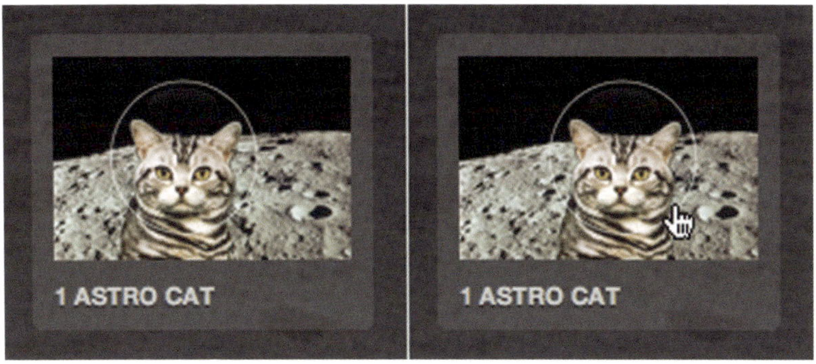

FIG 4.21 : Le matou glisse d'un côté à l'autre, comme font souvent les chats.

Incliner le fauteuil

Un bon fauteuil est inclinable, et nous pouvons simuler cette fonction du monde réel à l'aide de la transformation `rotate`.

Ajoutons une pile de transformations pour faire légèrement pivoter le fauteuil sur la gauche. Nous utiliserons les règles à préfixe pour les navigateurs utilisant les moteurs WebKit, Mozilla et Opera, en finissant par la véritable propriété `transform` à l'intention des futures implémentations.

```
ol#things li#things-4 a:hover img {
  -webkit-transform: rotate(-15deg);
  -moz-transform: rotate(-15deg);
```

```
-o-transform: rotate(-15deg);
transform: rotate(-15deg);
}
```

Nous avons utilisé une valeur négative pour incliner l'image vers la gauche (dans le sens antihoraire), et la transition se chargera une fois de plus de fluidifier cette subtile rotation, parachevant l'illusion d'un fauteuil confortable et moelleux sur la Lune (FIG 4.22).

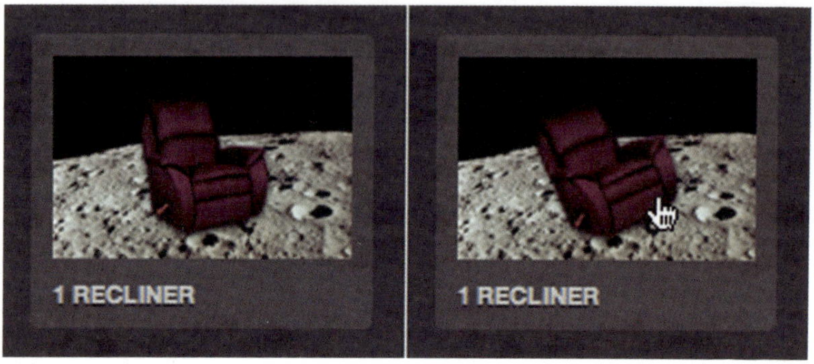

FIG 4.22 : Le fauteuil s'incline vers la gauche grâce à une transformation `rotate` utilisant une valeur négative.

La disparition du nain de jardin

Le dernier élément est un nain de jardin plutôt décontracté que nous allons faire partiellement disparaître, activité somme toute parfaitement naturelle pour un lutin.

Nous allons utiliser la propriété `opacity` pour créer simplement et rapidement un effet de survol qui réduit considérablement la visibilité du nain de jardin. Grâce à la transition en place pour tous les changements de propriété, la variation d'opacité s'animera dans les navigateurs qui supportent les transitions, permettant à notre petit ami de disparaître en toute fluidité.

La déclaration est simple :

```
ol#things li#things-5 a:hover img {
  opacity: 0.4;
  }
```

La FIGURE 4.23 montre la disparition du nain, qui devient opaque à 40 % au survol de la souris.

FIG 4.23 : Le nain de jardin disparaît presque au survol en réduisant son opacité.

Si vous voulez que cet effet fonctionne (sans les transitions) sous Internet Explorer, il vous faudra utiliser la propriété `filter` vue au chapitre 3.

Dégradation harmonieuse

Comme pour la galerie de photos étudiée au début de ce chapitre, la pincée de CSS3 que nous ajoutons ici n'affectera pas les navigateurs non compatibles.

Au fond, ce qui compte vraiment, c'est que chacun de ces éléments soit un lien cliquable. Le reste, c'est du bonus pour ceux qui peuvent bénéficier d'une expérience enrichie.

RÉPÉTEZ APRÈS MOI : INTELLIGENT ET SUBTIL

En prenant un peu de temps pour réfléchir au sens du contenu que nous avons entre les mains, nous pouvons choisir d'appliquer dès aujourd'hui certaines propriétés CSS3, ainsi que les transitions et les transformations.

Ces petites touches sont la marque d'un véritable artisan du Web : une attention portée à des détails que tout le monde ne relèvera pas, un soin attentif apporté aux événements visuels non critiques et à la mise en valeur du message. Vu le nombre de navigateurs qui supportent déjà CSS3, et ceux qui y viendront dans un futur proche, quelques lignes de code supplémentaires ne mangent pas de pain.

Essayez d'utiliser les transformations CSS avec modération. Il est facile de tomber dans l'excès, mais en les employant à bon escient pour valoriser le message, elles peuvent faire toute la différence.

Plus de « whaou » SVP

En parlant d'excès, la prochaine fois qu'un client ou qu'un patron vous dit que « ça manque de punch » ou qu'il faudrait que « ça pulse un peu plus, » ajoutez simplement la déclaration suivante à votre feuille de style (et assurez-vous que votre interlocuteur utilise Safari, Chrome, Firefox ou Opera, bien sûr) :

```
*:hover {
  -webkit-transform: rotate(180deg);
  -moz-transform: rotate(180deg);
  -o-transform: rotate(180deg);
  transform: rotate(180deg);
  }
```

Ce petit bout de CSS3 dit : « Survole n'importe quel élément de la page et il pivotera de 180 degrés. » Essayez donc. Je vous promets que vous allez faire une forte impression (FIG 4.24).

FIG 4.24 : Tentative d'illustration du chaos résultant d'une utilisation excessive des rotations.

Le pire, c'est qu'il y a des clients et des chefs qui risquent d'adorer ça.

« Super ! J'achète ! »

Soupir.

5 ARRIÈRE-PLANS MULTIPLES

Si vous m'aviez demandé il y a deux ans quelle nouveauté de CSS3 j'attendais le plus fiévreusement, j'aurais sans doute répondu avec ferveur : « Les images d'arrière-plan multiples ! » À cette époque, la possibilité d'appliquer plus d'une image d'arrière-plan au même élément aurait épargné de sérieux maux de tête à plus d'un Web designer.

Pour créer une solution flexible et pare-balles à ce problème de conception, il nous faut trouver un moyen d'appliquer plusieurs arrière-plans en utilisant moins d'images et moins de code. Nous avons jusqu'à présent fait au mieux avec ce que nous avions, mais la possibilité d'appliquer plusieurs images d'arrière-plan à un même élément en CSS3 laisse présager des jours plus heureux et moins de code à taper.

La réalité, c'est qu'entre temps, les navigateurs ont implémenté l'essentiel du module CSS3 sur les arrière-plans et les bordures (http://bkaprt.com/css3/9/)[1]. Nombre des propriétés dont nous avons parlé jusqu'ici sont déjà décemment supportées par Safari, Chrome, Firefox, Opera et IE9 Beta. De plus, des propriétés comme `border-radius`, `box-shadow`, les dégradés, RGBA et `opacity` permettent dans certains cas de résoudre des problèmes courants sans l'intermédiaire d'aucune image. Beaucoup de techniques qui nécessitaient auparavant l'utilisation d'images sont maintenant réalisables à l'aide de la seule feuille de style. Les avantages sont évidents.

Si je salivais d'avance il y a quelques années en pensant au support des arrière-plans multiples, l'excitation est un peu retombée, vu tous les autres outils que nous avons à notre disposition. Cela étant, il y a des applications merveilleuses à trouver à ces arrière-plans multiples, et nous allons détailler une technique particulière dans ce court chapitre.

DÉFILEMENT PARALLAXE

Revenons à notre site sur la Lune. J'ai placé plusieurs images d'arrière-plan dans l'élément `body` pour créer un environnement spatial sur plusieurs couches. Au lieu d'une seule image plate, j'ai empilé quatre PNG semi-transparents. Chacun d'entre eux a son propre positionnement horizontal afin de créer un effet d'animation quand la fenêtre du navigateur est redimensionnée (FIG 5.01).

FIG 5.01 : L'arrière-plan du site exemple sur la Lune, où quatre PNG sont empilés afin de renforcer la sensation de profondeur.

1. Adresse complète : http://www.w3.org/TR/CSS3-background/

Cette technique utilisant des calques à défilement différentiel a été surnommée « défilement parallaxe ». Nos amis de chez Wikipedia la définissent ainsi :

> *Technique de défilement spéciale en infographie, apparue pour la première fois en 1982 dans le jeu d'arcade Moon Patrol. Cette technique de pseudo-3D crée une illusion de profondeur dans un jeu vidéo en 2D en faisant défiler les images de l'arrière-plan plus lentement que les images du premier plan. Cette technique s'est développée à partir des techniques de caméra multiplane utilisées dans l'animation traditionnelle depuis les années 40.*

On trouve de plus en plus de bons exemples d'application de l'effet parallaxe sur le Web. Un de mes favoris de longue date est le site de Silverback (http://silverbackapp.com), un logiciel de test d'utilisabilité très pratique développée par Clearleft (FIG 5.02).

FIG 5.02 : Redimensionnez la fenêtre du navigateur sur le site de Silverback et admirez l'effet tridimensionnel.

Jouez avec les dimensions de la fenêtre du navigateur : les plantes accrochées au sommet de la page se déplacent à des vitesses légèrement différentes, créant une impression de profondeur. (J'y ai passé environ une heure lors de ma première visite.)

Évidemment, tout le monde ne le verra pas ; mais pour ceux qui peuvent en profiter, c'est un détail génial qui ne peut que mettre le sourire aux lèvres.

LA VIEILLE MÉTHODE : DES BALISES SUPERFLUES

Alors, comment ça marche ? Paul Annett détaille les techniques qu'il a utilisées pour créer l'effet parallaxe du site de Silverback dans un article publié sur Think Vitamin écrit au début de l'année 2008 (http://bkaprt.com/css3/10/).[2]

Pour appliquer les trois couches de feuillage, soit trois PNG différents, il vous faut au moins trois éléments de niveau bloc. Ainsi, deux div supplémentaires sont nécessaires pour encapsuler les trois images dans les éléments body, #midground et #foreground.

Voilà ce que donnerait, grossièrement, le balisage :

```
<body>
  <div id="midground">
    <div id="foreground">
      <!–contenu de la page -->
    </div>
  </div>
</body>
```

Le code CSS pour placer les images avec différentes positions horizontales donne quelque chose de ce genre :

2. Adresse complète : http://thinkvitamin.com/design/how-to-recreate-silverbacks-parallax-effect/

```
body {
  background: url(vines-back.png) repeat-x 20% 0;
  }

#midground {
  background: url(vines-mid.png) repeat-x 40% 0;
  }

#foreground {
  background: url(vines-front.png) repeat-x 150% 0;
  }
```

Cette solution fonctionne très bien, mais c'est beaucoup plus simple avec la nouvelle syntaxe du CSS3.

Regardons comment les arrière-plans multiples sont appliqués au corps du site exemple sur la Lune, et comment créer un effet parallaxe simple pour nos visiteurs qui peuvent en profiter.

LA NOUVELLE MÉTHODE : ARRIÈRE-PLANS MULTIPLES VIA CSS3

J'utilise quatre PNG semi-transparents pour créer mon arrière-plan spatial. Ils sont tous empilés dans l'élément `body` pour produire cette illusion de profondeur quand la fenêtre du navigateur est redimensionnée par l'utilisateur.

La FIGURE 5.03 présente les quatre PNG utilisés :

1. des nuages de poussière (clouds.png) ;
2. un dégradé du bleu au violet (space-bg.png) ;
3. un calque d'étoiles (stars-1.png) ;
4. un autre calque d'étoiles placées au hasard (stars-2.png).

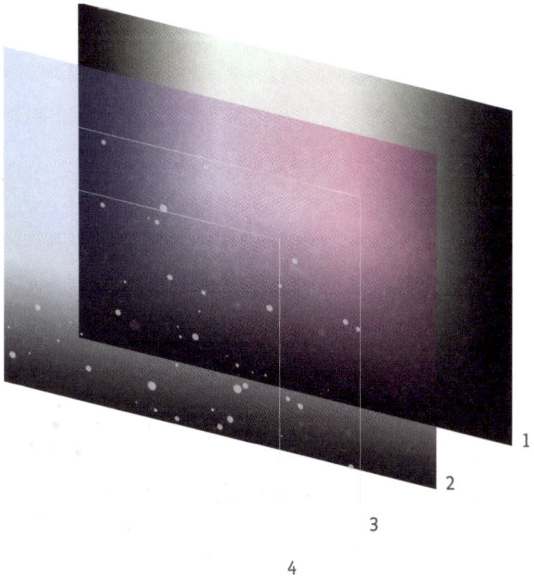

FIG 5.03 : Les quatre PNG semi-transparents empilés pour former l'arrière-plan du site.

Syntaxe des arrière-plans multiples

Regardez comme il est facile de placer ces quatre images d'arrière-plan dans l'élément body avec la nouvelle syntaxe du CSS3 :

```
body {
  background:
    url(../img/stars-1.png) repeat-x fixed -130% 0,
    url(../img/stars-2.png) repeat-x fixed 40% 0,
    url(../img/space-bg.png) repeat-x fixed -80% 0,
    url(../img/clouds.png) repeat-x fixed 100% 0;
  background-color: #1a1a1a;
  }
```

J'empile ici les quatre images, en plaçant les étoiles en premier et les nuages en dernier, dans une liste délimitée par des virgules (remarquez que l'ordre de la pile commence par l'image la plus « proche » de l'utilisateur). J'active également la répétition horizontale et je leur attribue des positions horizontales différentes (à l'aide de valeurs négatives et positives) afin que chaque couche « défile » à une vitesse différente quand la fenêtre est redimensionnée. Pour finir, je verrouille leur position sur la page avec la valeur `fixed`.

La couleur d'arrière-plan quasi noire, `#1a1a1a`, est ajoutée en dernier dans une règle `background-color` séparée.

FIG 5.04 : Les quatre PNG empilés les uns sur les autres avec la couleur d'arrière-plan noir charbon.

Et voilà (FIG 5.04). Ce qui est génial, c'est qu'il n'y a pas de code superflu. Nous plaçons toutes les images dans l'élément `body` pour qu'elles apparaissent en arrière-plan du contenu de la page, mais nous n'avons pas eu besoin de créer des `div` vides pour appliquer les différentes couches.

Et l'interopérabilité dans tout ça ?

Je le disais dans le premier chapitre, les arrière-plans multiples sont supportés par Safari 1.3+, Chrome 2+, Firefox 3.6+, Opera 10.5+ et IE9 Beta. En fait, ils en sont au même stade que les autres propriétés CSS que nous avons utilisées dans ce livre.

Nous avons une fois de plus choisi d'utiliser ce petit bijou de CSS3 dans le domaine non critique du design en raison de son implémentation encore incomplète. Avec cet effet parallaxe, nous pouvons enrichir l'arrière-plan et l'expérience visuelle observée en redimensionnant la page dans les navigateurs compatibles.

Solution de secours pour les autres navigateurs

Les navigateurs qui ne supportent pas encore les arrière-plans multiples ignoreront l'intégralité de la règle `background`. C'est précisément pour cela que nous avons défini `background-color` dans une règle séparée.

La FIGURE 5.05 montre le rendu du site sous IE7, qui ignore les images d'arrière-plan multiples que nous avons déclarées, et n'affiche que le noir charbon défini par la règle `background-color`.

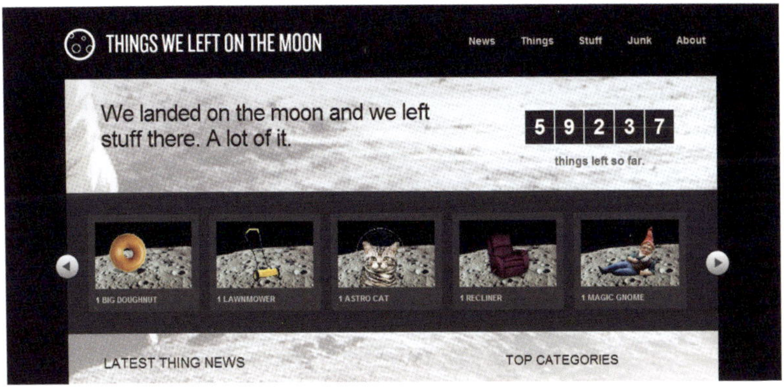

FIG 5.05 : IE7 ignore la règle qui déclare plusieurs images d'arrière-plan, n'utilisant que la couleur d'arrière-plan noir charbon.

Le site est toujours fonctionnel, mais la perte de notre arrière-plan spatial est contrariante. La solution consiste à spécifier une image d'arrière-plan unique au début de la déclaration, pour les navigateurs (comme IE7 et 8) qui ne supportent pas les images multiples. Nous pouvons ensuite outrepasser cette règle avec nos arrière-plans multiples (qui seront ignorés par IE).

```
body {
  background: url(../img/space-bg.png) »
    repeat-x fixed -80% 0;
  background:
    url(../img/stars-1.png) repeat-x fixed -130% 0,
    url(../img/stars-2.png) repeat-x fixed 40% 0,
    url(../img/space-bg.png) repeat-x fixed -80% 0,
    url(../img/clouds.png) repeat-x fixed 100% 0;
  background-color: #1a1a1a;
}
```

Pour l'image de secours, vous pouvez choisir l'une des images utilisées dans la déclaration multiple, ou même créer une version aplatie de tous les calques.

Pour notre site, j'ai choisi d'utiliser simplement `space-bg.png`, qui correspond au dégradé de couleurs (FIG 5.06), offrant donc une version sans étoiles ni nuages de l'arrière-plan aux navigateurs qui ne supportent pas encore les images d'arrière-plan multiples. Bien fait pour eux.

UTILISER LES ARRIÈRE-PLANS MULTIPLES AUJOURD'HUI

Dans la lignée des autres exemples de ce livre, nous pouvons utiliser les arrière-plans multiples dès aujourd'hui. Nous prenons de l'avance en utilisant une propriété CSS3 qui est déjà raisonnablement supportée par Safari, Chrome, Firefox et Opera, ainsi qu'IE9 Beta. Au lieu de craindre les problèmes d'interopérabilité, nous faisons le choix d'appliquer cette propriété

FIG 5.06 : Une fois l'image de secours en place, IE7 retrouve un peu de sa prestance spatiale.

à un événement visuel non critique (un arrière-plan à défilement parallaxe).

Nous savons également que si le navigateur ne supporte pas les arrière-plans multiples, il ignorera l'intégralité de la règle `background`. Pour compenser, nous pouvons définir une image aplatie ou alternative dans une règle placée avant la règle multiple.

Maintenant que vous êtes au point, vous pouvez commencer à expérimenter avec les arrière-plans multiples, à jouer avec les calques, le défilement et le positionnement sans trop alourdir votre code source. Cette technique donnera sûrement naissance à toute sorte d'applications créatives qu'il me tarde de découvrir.

6 ENRICHIR LES FORMULAIRES

Sur un site Web, les formulaires sont également un point d'interaction important, et leurs nombreux événements visuels font d'eux d'excellents candidats à un enrichissement en CSS3.

Par défaut, les éléments de formulaire eux-mêmes peuvent prendre une apparence radicalement différente selon le navigateur ou le système d'exploitation. Rien ne nous empêche d'en prendre notre parti et même d'aller dans le sens de ces variations, en enrichissant l'expérience à l'aide de portions de CSS3 déjà fonctionnelles.

Il est important de concilier modifications subtiles et environnement familier, afin que vos formulaires restent faciles d'accès. Pour faire court, un champ de saisie doit ressembler à un champ de saisie. Maintenant que CSS est capable d'altérer profondément le style des éléments de formulaire (dans la plupart des navigateurs), nous devons faire attention à ne pas nuire à leur aspect le plus important : la fonctionnalité.

Cela étant, les possibilités de traitement des formulaires avec CSS3 restent nombreuses si l'on veut créer une expérience riche dans les navigateurs compatibles, capable de se « dégrader » harmonieusement dans tous les autres.

Ce chapitre nous donne également une excuse pour parler de trois outils de CSS3 que nous n'avons pas encore effleurés :

1. les nouveaux sélecteurs ;
2. les dégradés CSS ;
3. les animations CSS.

Nous allons de nouveau utiliser notre site exemple sur la Lune comme aire de lancement pour présenter de nouvelles façons inventives d'utiliser CSS3 avec les formulaires. Plus particulièrement, le formulaire d'inscription « New Thing Alerts » se trouvant dans la barre latérale de droite (FIG 6.01).

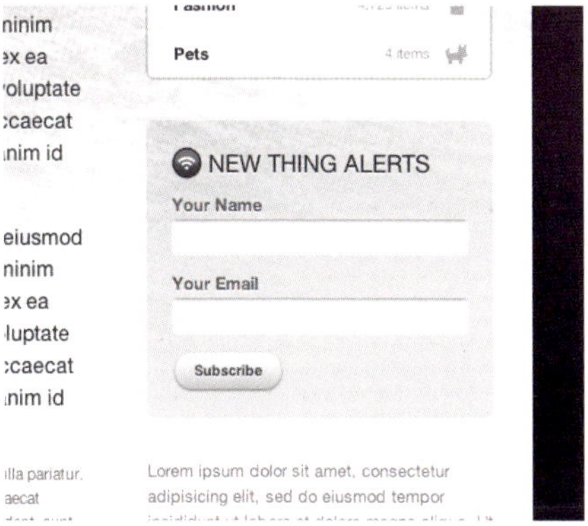

FIG 6.01 : Un formulaire simple permettant de s'inscrire pour recevoir une alerte lorsque de nouveaux objets sont laissés sur la Lune.

PROGRAMMATION D'UN SIMPLE FORMULAIRE D'INSCRIPTION

Difficile de faire plus simple que ce formulaire. Quelques champs avec des légendes (`label`) et un bouton de type `submit`.

```
<form action="/" id="thing-alerts">
  <fieldset>
    <label for="alerts-name">Your Name</label>
    <input type="text" id="alerts-name" />
  </fieldset>

  <fieldset>
    <label for="alerts-email">Your Email</label>
    <input type="text" id="alerts-email" />
  </fieldset>

  <fieldset>
    <input type="submit" value="Subscribe" />
  </fieldset>
</form>
```

La FIGURE 6.02 présente le formulaire avec le style par défaut du navigateur (sous Safari).

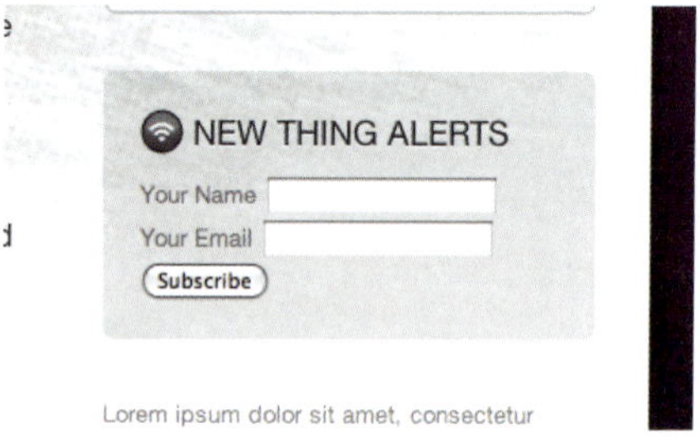

FIG 6.02 : Le formulaire vu sous Safari avec le style par défaut.

STYLE DES ÉLÉMENTS FIELDSET ET LABEL

Nous allons commencer à sculpter ce formulaire en appliquant un peu de CSS aux éléments `fieldset` et `label` - un léger espacement entre chaque ligne.

```
#thing-alerts fieldset {
  margin: 0 0 10px 0;
  }
```

```
#thing-alerts label {
  display: block;
  font-weight: bold;
  line-height: 1.4;
  color: #666;
  color: rgba(0, 0, 0, 0.6);
  text-shadow: 0 1px 1px #fff;
  }
```

En regardant la FIGURE 6.03, vous remarquerez que nous avons ajouté une marge de `10px` sous chaque élément `fieldset`, et que nous avons appliqué `display: block` aux légendes afin qu'elles s'affichent sur une ligne séparée. Nous avons également donné un noir opaque à 60 % au texte, ainsi qu'une couleur de secours gris opaque pour les navigateurs qui ne supportent pas encore RGBA. Nous avons également appliqué un subtil reflet blanc avec `text-shadow`, pour donner l'impression que le texte est incrusté dans l'arrière-plan.

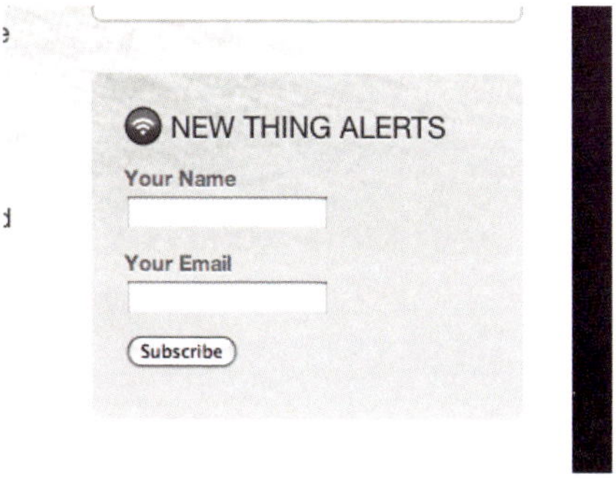

FIG 6.03 : Les éléments `fieldset` et `label` sont maintenant stylés.

Nous avons maintenant une belle marge de 10 pixels entre chaque `fieldset`, mais nous n'avons pas besoin de cette marge sous la dernière ligne (contenant le bouton de type `submit`) en raison de la marge interne de la boîte grise.

C'est un problème qui se pose fréquemment : vous avez une liste ou une succession d'éléments utilisant tous le même style, mais vous souhaitez styler le dernier élément différemment.

Au lieu d'ajouter `class="last"` à l'élément final, servons-nous de la pseudo-classe `:last-child` en CSS3 pour supprimer la marge inférieure sans avoir à modifier le balisage :

```
#thing-alerts fieldset {
  margin: 0 0 10px 0;
  }

#thing-alerts fieldset label {
  display: block;
  font-weight: bold;
  line-height: 1.4;
  color: #666;
  color: rgba(0, 0, 0, 0.6);
  text-shadow: 0 1px 1px #fff;
  }

#thing-alerts fieldset:last-child {
  margin: 0;
  }
```

Gardez à l'esprit que `:last-child` n'est pas supporté par IE8 et moins, mais pour des ajustements de présentation mineurs comme celui-ci, c'est une excellente alternative à l'ajout d'une classe supplémentaire.

La FIGURE 6.04 présente le résultat après la suppression de la marge inférieure du dernière élément `fieldset` à l'aide de la pseudo-classe `:last-child`.

Autres sélecteurs CSS3

Pendant que nous faisons bon usage de `:last-child`, j'en profite pour attirer votre attention sur l'ajout de nombreux sélecteurs très pratiques en CSS3.

FIG 6.04 : Une fois la marge inférieure du dernier élément `fieldset` supprimée, l'espacement de notre formulaire a fière allure.

Je vous recommande chaudement de lire l'article de Roger Johansson sur le sujet, intitulé « CSS3 selectors explained » (http://bkaprt.com/css3/11/)[1], dans lequel il présente ces nouveaux sélecteurs et leur fonctionnement. Le support des sélecteurs CSS3 varie selon les navigateurs ; ne manquez donc pas de vous référer aux tableaux de l'article très complet de Peter-Paul Koch, « CSS contents and browser compatibility » (http://bkaprt.com/css3/12/)[2], ainsi qu'à la page « Compatibilité CSS et Internet Explorer » de Microsoft (http://msdn.microsoft.com/fr-fr/library/cc351024(v=VS.85).aspx) pour savoir qui supporte quoi.

STYLE DES CHAMPS DE SAISIE

Commençons maintenant à ajouter les styles qui donneront à nos champs de saisie par défaut un aspect un peu plus personnalisé. Nous allons cette fois-ci utiliser un sélecteur d'attribut CSS2.1 pour cibler exclusivement les éléments `input type="text"` (et non le bouton `input type="submit"`).

1. Adresse complète : http://www.456bereastreet.com/archive/200601/css_3_selectors_explained/

2. Adresse complète : http://www.quirksmode.org/css/contents.html

Si nous déclarions simplement :

```
#thing-alerts input
```

nous ciblerions alors tous les champs du formulaire (le texte et les boutons). Mais si nous précisons :

```
#thing-alerts input[type="text"]
```

nous ne ciblerons que les champs de saisie.

Ce sélecteur puissant nous permet de cibler différents éléments de formulaire directement dans la feuille de style, sans devoir créer des classes supplémentaires. C'est magnifique.

N'oubliez pas que les sélecteurs d'attribut sont supportés par IE7 et plus mais pas par IE6. Cela ne posera pas de problème si nous nous contentons de modifier l'apparence non critique de ces éléments de formulaire : IE6 ignorera ces règles, ce qui est tout à fait acceptable dans ce cas.

La déclaration suivante applique une largeur, une marge interne et une taille de police spécifiques, désactive les bordures par défaut, ajoute une couleur d'arrière-plan et arrondit les coins des champs de saisie à l'aide de notre fidèle pile de propriétés `border-radius`.

```
#thing-alerts fieldset input[type="text"] {
  width: 215px;
  padding: 5px 8px;
  font-size: 1.2em;
  color: #666;
  border: none;
  background-color: #fff;
  -webkit-border-radius: 4px;
  -moz-border-radius: 4px;
  -o-border-radius: 4px;
  border-radius: 4px;
  }
```

FIG 6.05 : Les champs de saisie plats et arrondis.

La FIGURE 6.05 présente le résultat obtenu sous Safari (similaire sous Firefox et Opera). Nous avons maintenant des champs de saisie plutôt sympas, mais nous allons ajouter un peu de profondeur pour leur redonner l'apparence de zones de texte éditables.

LES DÉGRADÉS CSS

Une façon astucieuse d'ajouter une touche de profondeur consiste à faire appel aux dégradés CSS, une nouveauté de CSS3 qui permet de créer un dégradé d'une couleur à une autre sans l'aide d'aucune image. Plutôt séduisant comme idée, non ?

Les dégradés CSS sont actuellement supportés par Safari 4+, Chrome 2+ et Firefox 3.6+ uniquement, mais comme toujours, pour une application non critique, c'est une solution flexible qui se dégrade harmonieusement.

Les dégradés CSS peuvent être utilisés partout où une image peut être déclarée dans la feuille de style. En d'autres termes, `background-image`, `list-style-image`, `border-image`, ainsi que le contenu généré.

La syntaxe des dégradés CSS diffère quelque peu entre les implémentations de Safari et de Firefox. La (très préliminaire) spécification aurait plutôt tendance à pencher vers la solution de Firefox. Voilà un exemple typique de l'utilité des préfixes de navigateur dans le processus de développement de la spécification : ces deux syntaxes différentes fonctionnent correctement dans chaque navigateur alors que la spécification officielle est encore en chantier.

Pour être honnête, les deux syntaxes peuvent être un peu déroutantes. Il y a énormément de commandes différentes, entre autres pour affiner les couleurs et la direction du dégradé, etc.

Par exemple, voici la syntaxe pour créer un dégradé linéaire simple sur l'arrière-plan d'un élément dans les navigateurs WebKit et Mozilla :

```
#foo {
  background-image: -webkit-gradient(linear, »
    0% 0%, 0% 100%, from(#fff), to(#999));
  background-image: -moz-linear-gradient(0% 100% »
    90deg, #fff, #999);
  }
```

Ce n'est pas exactement intuitif, et il est difficile de retenir les variantes de chaque navigateur.

La meilleure méthode que j'aie trouvée pour me simplifier la tâche consiste à utiliser l'excellent éditeur WYSIWYG de John Allsopp (FIG 6.06, http://bkaprt.com/css3/14/)[3].

Utilisez cet outil pour créer visuellement les dégradés de votre choix, puis récupérez la syntaxe appropriée pour Safari et Firefox. L'outil de John dégrossit le travail pour vous. Et c'est extrêmement utile, car je n'ai toujours pas réussi à mémoriser le code (ainsi que les différences entre navigateurs).

Jonathan Snook a écrit un article sur la syntaxe des dégradés qui pourra également vous être utile : http://bkaprt.com/css3/15/[4].

3. Adresse complète : http://www.westciv.com/tools/gradients/index-moz.html

4. Adresse complète : http://snook.ca/archives/html_and_css/multiple-bg-css-gradients

FIG 6.06 : Le merveilleux outil de John Allsopp permettant de créer des dégradés CSS.

Le dégradé que nous allons ajouter à nos champs de saisie est très léger afin de se fondre dans l'arrière-plan (FIG 6.07). Après avoir joué avec l'outil de John Allsopp et entré quelques valeurs, nous obtenons deux petites lignes de CSS :

```
#thing-alerts fieldset input[type="text"] {
  width: 215px;
  padding: 5px 8px;
  font-size: 1.2em;
  color: #666;
  border: none;
  background-image: -webkit-gradient(linear, »
    0% 0%, 0% 12%, from(#999), to(#fff));
  background-image: -moz-linear-gradient(0% 12% »
    90deg, #fff, #999);
  background-color: #fff;
  -webkit-border-radius: 4px;
  -moz-border-radius: 4px;
  -o-border-radius: 4px;
  border-radius: 4px;
  }
```

FIG 6.07 : Gros plan sur le léger dégradé au sommet de chaque champ de saisie qui donne l'illusion d'un renfoncement.

Nous appliquons ici un dégradé linéaire, mais CSS permet aussi l'utilisation de dégradés radiaux.

Vous remarquerez les différences de syntaxe entre les implémentations `-webkit` et `-moz`. En clair, nous ajoutons un léger dégradé linéaire qui passe du gris clair (`#999`) au blanc (`#fff`) sur seulement 12 % de la hauteur du champ. Nous appliquons les règles à préfixe `background-image` pour produire l'effet dans Safari et Firefox.

La FIGURE 6.08 présente le résultat, où l'on peut voir nos champs de saisie arrondis et habillés d'une légère ombre interne, le tout sans l'aide d'aucune image.

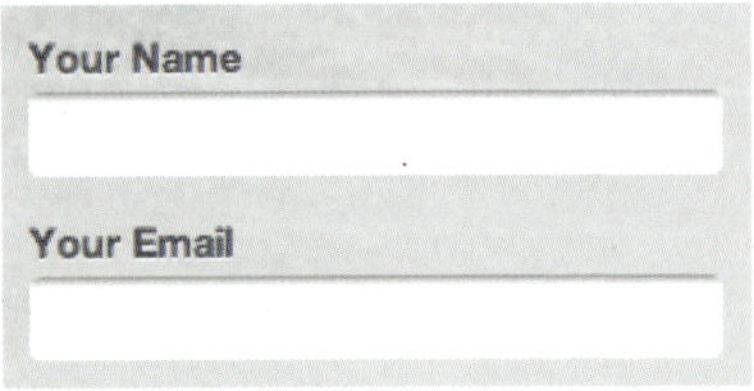

FIG 6.08 : Les champs de saisie avec les dégradés CSS en place.

Les navigateurs qui ne supportent pas encore les dégradés CSS ignoreront ces règles `background-image` et afficheront des champs de saisie entièrement blancs. Et c'est parfaitement acceptable. Par ailleurs, les ajustements, la flexibilité et le degré de contrôle permis par les dégradés CSS sont plutôt saisissants.

Nous allons les mettre un peu plus à profit dans la prochaine section sur le bouton `submit`.

UN VRAI BOUTON EN CSS3

S'il ne fallait choisir qu'un élément d'interface pour illustrer les capacités de CSS3, ce pourrait être le bouton. En combinant plusieurs techniques vues dans ce livre, nous allons transformer un bouton de formulaire de type `submit` parfaitement ordinaire en un élément bien plus intéressant, uniquement avec CSS (FIG 6.09).

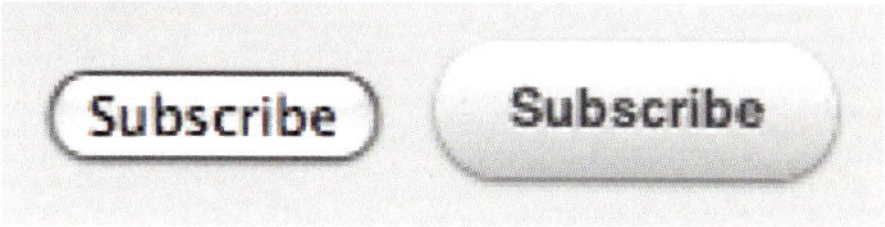

FIG 6.09 : Le bouton submit par défaut de Safari à gauche, et le bouton stylé en CSS3 (sans images !) à droite.

La beauté de CSS3, c'est que le fait de n'utiliser aucune image donne quelque chose de bien plus flexible. Si le navigateur ne supporte pas les propriétés utilisées pour enrichir le graphisme du bouton, pas de problème : l'utilisateur verra simplement le bouton de formulaire par défaut.

Détaillons les étapes requises pour transformer un bouton de formulaire ordinaire en un magnifique bouton comme sur la FIGURE 6.09.

Style de base du bouton

Nous allons tout d'abord ajouter une petite marge interne, choisir la police Helvetica pour coller au reste du design, désactiver les bordures et définir un arrière-plan blanc.

```
#thing-alerts input[type="submit"] {
  padding: 8px 15px;
  font-family: Helvetica, Arial, sans-serif;
  font-weight: bold;
  line-height: 1;
  color: #444;
  border: none;
  background-color: #fff;
  }
```

La FIGURE 6.10 présente le style de base dans Safari. Nous avons déjà un résultat totalement différent du bouton par défaut.

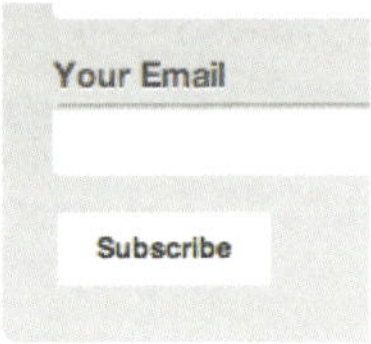

FIG 6.10 : Un bouton `submit` sans bordure ni arrière-plan.

Arrondi des coins

Ajoutons maintenant une pile de propriétés `border-radius` pour donner au bouton une forme de gélule (FIG 6.11).

```
#thing-alerts fieldset input[type="submit"] {
  padding: 8px 15px;
  font-family: Helvetica, Arial, sans-serif;
  font-weight: bold;
  line-height: 1;
  color: #444;
  border: none;
  background-color: #fff;
  -webkit-border-radius: 23px;
  -moz-border-radius: 23px;
  -o-border-radius: 23px;
  border-radius: 23px;
  }
```

FIG 6.11 : Arrondi du bouton `submit` à l'aide de `border-radius`.

Après quelques tâtonnements, nous avons choisi une valeur de `23px` pour notre gélule.

Application d'un dégradé linéaire

Appliquons maintenant au bouton un dégradé du gris clair (`#bbb`) vers le blanc (`#fff`), de bas en haut. Nous allons une fois de plus demander à l'outil de M. Allsopp de nous faire cadeau des règles destinées à Safari, Chrome et Firefox.

```
#thing-alerts input[type="submit"] {
  padding: 8px 15px;
  font-family: Helvetica, Arial, sans-serif;
  font-weight: bold;
  line-height: 1;
  color: #444;
  border: none;
  background-image: -webkit-gradient(linear, »
    0% 0%, 0% 100%, from(#fff), to(#bbb));
  background-image: -moz-linear-gradient(0 100% »
    90deg, #fff, #bbb);

  background-color: #fff;
  -webkit-border-radius: 23px;
  -moz-border-radius: 23px;
  -o-border-radius: 23px;
  border-radius: 23px;
  }
```

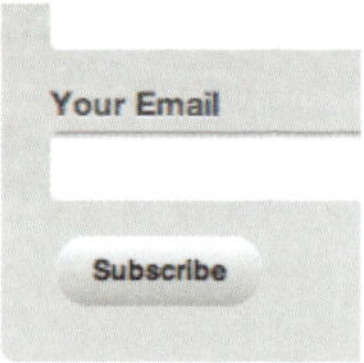

FIG 6.12 : Le dégradé CSS appliqué au bouton `submit`.

La **FIGURE** 6.12 montre l'état actuel de notre bouton sous Safari. Nous avons maintenant un bouton arrondi avec un dégradé CSS. Jusqu'à maintenant, nous n'avons utilisé aucune image : nous avons simplement ajouté quelques lignes à notre feuille de style.

Ajout de text-shadow pour donner du relief aux caractères

Ajoutons maintenant une ombre quasi blanche sous le texte à l'aide de la propriété `text-shadow`, pour donner l'impression que les caractères ont été frappés dans le bouton.

```
#thing-alerts input[type="submit"] {
  padding: 8px 15px;
  font-family: Helvetica, Arial, sans-serif;
  font-weight: bold;
  line-height: 1;
  color: #444;
  border: none;
  text-shadow: 0 1px 1px rgba(255, 255, 255, 0.85);
  background-image: -webkit-gradient(linear, »
    0% 0%, 0% 100%, from(#fff), to(#bbb));
  background-image: -moz-linear-gradient(0 100% »
    90deg, #fff, #bbb);
  background-color: #fff;
  -webkit-border-radius: 23px;
  -moz-border-radius: 23px;
  -o-border-radius: 23px;
  border-radius: 23px;
  }
```

Nous utilisons RGBA pour obtenir un blanc opaque à 85 % et laisser le dégradé gris transparaître légèrement. Nous plaçons l'ombre à un pixel sous le texte et lui appliquons également un flou d'un pixel.

La FIGURE 6.13 présente un gros plan de l'ombre en place ainsi que l'aspect général du bouton à ce stade.

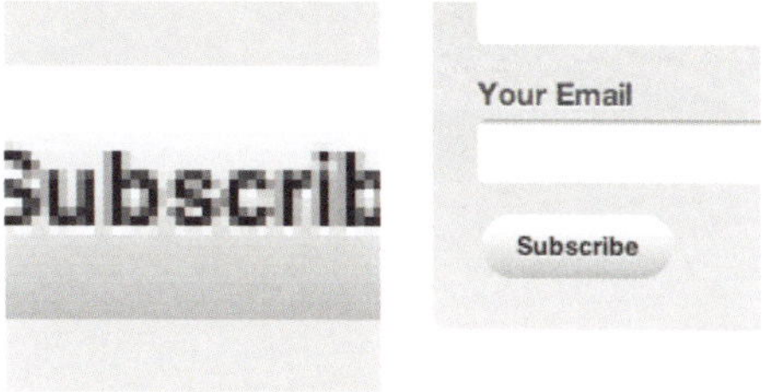

FIG 6.13 : Gros plan de la subtile ombre que nous avons ajoutée pour donner un effet de relief.

Ajout de box-shadow sur le bouton

Pour parfaire notre petit bouton en CSS3, nous allons ajouter une légère ombre à l'aide de la propriété `box-shadow` qui renforcera le relief. Le bouton se démarquera ainsi mieux de l'arrière-plan gris.

Voici la pile de propriétés `box-shadow` pour les navigateurs qui les supportent, ainsi que les implémentations futures :

```
#thing-alerts input[type="submit"] {
  padding: 8px 15px;
  font-family: Helvetica, Arial, sans-serif;
  font-weight: bold;
  line-height: 1;
  color: #444;
  border: none;
  text-shadow: 0 1px 1px rgba(255, 255, 255, 0.85);
  background-image: -webkit-gradient(linear, »
    0% 0%, 0% 100%, from(#fff), to(#bbb));
  background-image: -moz-linear-gradient(0% 100% »
    90deg, #bbb, #fff);
  background-color: #fff;
```

```
-webkit-border-radius: 23px;
-moz-border-radius: 23px;
-o-border-radius: 23px;
border-radius: 23px;
-webkit-box-shadow: 0 1px 2px rgba(0, 0, 0, 0.5);
-moz-box-shadow: 0 1px 2px rgba(0, 0, 0, 0.5);
box-shadow: 0 1px 2px rgba(0, 0, 0, 0.5);
}
```

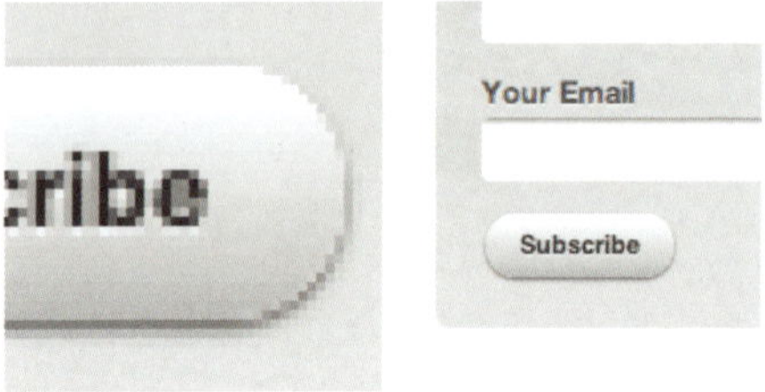

FIG 6.14 : Gros plan de l'ombre ajoutée en dessous du bouton pour donner du relief à l'aide de box-shadow.

La FIGURE 6.14 présente le résultat dans Safari après avoir ajouté une ombre à `1px` en dessous du bouton avec un flou de `2px`. Comme couleur, nous avons choisi un noir opaque à 50 % à l'aide de RGBA, afin que l'ombre se fonde légèrement dans l'arrière-plan.

Et non seulement nous en avons fini avec notre bouton, mais notre formulaire est enfin prêt à être utilisé. En quelques lignes de CSS3, nous avons transformé un triste formulaire par défaut en un élément d'interface bien plus élégant, et qui plus est assorti au reste du design de notre page. Nous avons choisi d'utiliser CSS3 plutôt que des images, solution qui se dégrade harmonieusement dans les navigateurs qui ne supportent pas encore ces fonctions avancées. Vérifions si vous ne me croyez pas.

ET LES AUTRES NAVIGATEURS ?

Si nous visualisons notre formulaire sous Internet Explorer 7, un navigateur qui ne supporte absolument pas CSS3, nous verrons un formulaire fonctionnel et parfaitement acceptable

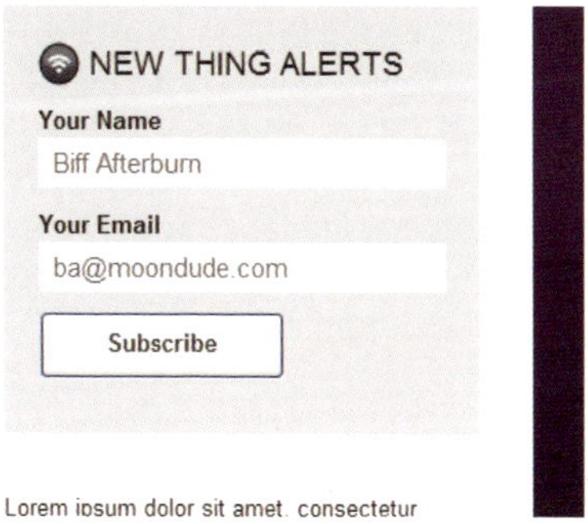

FIG 6.15 : Sous IE7, le formulaire ressemble à un formulaire. Et fonctionne comme un formulaire. Voilà qui est rassurant.

(FIG 6.15). C'est une très bonne nouvelle ! Toutes les améliorations que nous avons ajoutées à l'aide d'une poignée de règles CSS3 dans la feuille de style ont été ignorées sans problème, ne laissant qu'un squelette de formulaire qui remplit parfaitement sa fonction. Mission accomplie.

UTILISATION DE BOX-SHADOW POUR CRÉER DES ÉTATS FOCUS

Nous pouvons pousser le détail de l'interactivité en utilisant la propriété `box-shadow` sur l'état `:focus` des champs. C'est un effet simple et rapide à implémenter, qui se dégrade harmonieusement comme toutes les propriétés CSS3 susmentionnées.

Il suffit de créer une nouvelle déclaration en ajoutant la pseudo-classe `:focus` au sélecteur d'attribut des champs de saisie.

(Le paragraphe précédent est parfait pour briser la glace avec une inconnue. Vous me remercierez plus tard.)

```
#thing-alerts input[type="text"]:focus {
  -webkit-box-shadow: 0 0 12px rgba(51, 204, 255, 0.5);
  -moz-box-shadow: 0 0 12px rgba(51, 204, 255, 0.5);
  box-shadow: 0 0 12px rgba(51, 204, 255, 0.5);
  }
```

Cette déclaration inclut une pile de propriétés box-shadow qui applique une ombre bleu clair opaque à 50 % autour des champs de saisie lorsqu'ils sont mis en focus. Nous pouvons voir le résultat à la FIGURE 6.16 : nous imitons le comportement par défaut du système d'exploitation qui met le champ sélectionné en surbrillance, mais nous avons beaucoup plus de contrôle sur l'apparence en créant notre propre effet.

FIG 6.16 : Une ombre est appliquée à l'état :focus des champs de saisie à l'aide de la propriété box-shadow.

Et les navigateurs qui ne supportent pas encore box-shadow ? Eh bien, ils auront un champ de saisie ordinaire. Vous avez sûrement deviné ce que j'allais dire... Oui, c'est parfaitement acceptable.

AJOUT D'ANIMATIONS CSS POUR ENRICHIR L'INTERACTIVITÉ DU FORMULAIRE

Pour repousser encore les limites de box-shadow, nous pourrions animer l'ombre, par exemple la faire clignoter comme si elle attendait que quelqu'un interagisse. Plongeons rapidement dans le monde des animations CSS pour voir ce qu'il est possible de faire dans les navigateurs WebKit.

Je dis les navigateurs WebKit dans ce cas, car les animations CSS (tout comme les transformations et les transitions CSS) étaient initialement développées par l'équipe de WebKit, avant de devenir standard proposé au W3C (http://bkaprt.com/css3/16/).[5] Cependant, contrairement aux transformations et aux transitions, les animations

5. Adresse complète : http://www.w3.org/TR/CSS3-animations/

ne sont encore implémentées dans aucun autre navigateur. Elles fonctionnent actuellement dans Safari et Chrome, mais ni dans Firefox ni dans Opera, et le support n'est même pas prévu dans IE9. Pour cette raison, je n'accorde pas autant d'attention aux animations (pour le moment du moins). Et bien qu'elles soient puissantes et excitantes, il reste encore à voir si leur adoption se fera aussi rapidement et intégralement que celle des transformations et des transitions, dont le support est déjà décent (et croissant).

Toutefois, le concept et la syntaxe des animations CSS sont plutôt simples ; pour des événements non critiques, on peut déjà s'amuser à en injecter à l'intention des navigateurs WebKit. Appliquons une animation simple à l'état `:focus` des champs de saisie pour voir comment ça marche.

Travailler avec des keyframes

Pour construire une animation CSS, il faut tout d'abord créer une déclaration d'images clés (keyframes). Si vous avez quelques notions de programmation, il s'agit de créer une fonction à laquelle on pourra faire appel ailleurs dans la feuille de style.

Une `keyframe` est une « at-rule » CSS spéciale. Elle est similaire à une déclaration CSS, mais vous permet de lui attribuer un identifiant et de spécifier des règles CSS et des changements sur une durée spécifique à l'aide d'une liste de valeurs en pourcentages (ou les mots-clés « to » et « from »).

Voyons plutôt ce que cela donne dans la pratique. Nous allons créer une animation simple qui fait apparaître et disparaître l'ombre `box-shadow` que nous avons précédemment appliquée à l'état `:focus` des champs du formulaire.

Nous l'appellerons « pulse », et nous allons définir trois règles légèrement différentes : une pour le point de départ (0 %), une pour le milieu (50 %) et une pour la fin (100 %). Chaque règle ne fait qu'ajuster le niveau d'opacité de l'ombre bleue de 20 % à 90 %, puis dans le sens inverse. En appliquant une transition à ce changement et en le répétant, on aura l'impression que le champ clignote lorsqu'il est sélectionné dans les navigateurs WebKit.

```
@-webkit-keyframes pulse {
  0% {
    -webkit-box-shadow: 0 0 12px rgba(51, 204, 255, 0.2);
  }
  50% {
    -webkit-box-shadow: 0 0 12px rgba(51, 204, 255, 0.9);
  }
  100% {
    -webkit-box-shadow: 0 0 12px rgba(51, 204, 255, 0.2);
  }
}
```

Je ne spécifie ici que les règles pour les navigateurs WebKit à l'aide du préfixe `-webkit-`. Dans les autres exemples du livre, nous avons choisi d'écrire les règles correspondant aux différents navigateurs qui supportent les propriétés utilisées, ainsi que la règle sans préfixe pour que le code soit durable. Dans le cas présent, vu que les animations CSS ne sont pour l'instant supportées que par Safari et Chrome, et étant donné les réserves des autres navigateurs concernant leur implémentation, j'ai choisi de n'écrire que les règles `-webkit-`.

Référencer la keyframe

La seconde étape de la création d'une animation CSS consiste à référencer la `keyframe` à l'aide de la propriété `animation`.

Dans le cas présent, nous voulons que le clignotement de l'ombre se déclenche lorsqu'un utilisateur sélectionne un champ de saisie. Nous allons appeler la keyframe par son nom, définir la durée de l'animation, activer une boucle infinie, et enfin choisir une fonction de timing qui accélère puis décélère (`ease-in-out`). Vous remarquerez que la syntaxe de l'animation est semblable à celle d'une transition.

```
#thing-alerts input[type="text"]:focus {
  -webkit-animation: pulse 1.5s infinite ease-in-out;
  }
```

Nous nous assurons ainsi que l'animation ne se déclenchera que lorsqu'un utilisateur sélectionnera un champ de saisie du formulaire (sous Safari et Chrome uniquement).

Le résultat est saisissant. Et si la technologie me permettait de vous le montrer sur ce bout de papier, je le ferais. La FIGURE 6.17 vous donnera, je l'espère, une vague idée de ce qui se passe : l'ombre clignote comme si le champ attendait qu'on interagisse avec lui.

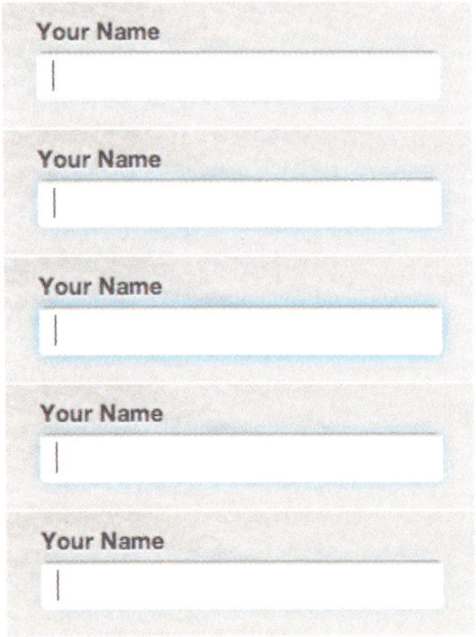

FIG 6.17 : Si vous parcourez cette image des yeux rapidement, vous aurez une idée de l'animation que nous venons d'ajouter à l'état :focus des champs de saisie.

J'ai utilisé la propriété `animation` abrégée pour définir les valeurs dans une seule règle. Vous pouvez également spécifier chaque valeur avec sa propre propriété, comme ceci :

```
#thing-alerts input[type="text"]:focus {
  -webkit-animation-name: pulse;
  -webkit-animation-duration: 1.5s;
  -webkit-animation-iteration-count: infinite;
  -webkit-animation-timing-function: ease-in-out;
  }
```

Réutiliser l'animation sur le traitement du survol du bouton

Ce qui est bien avec les keyframes, c'est qu'elles peuvent être réutilisées dans plusieurs déclarations de la feuille de style. Par exemple, nous pourrions appliquer ce même « clignotement » au bouton submit lorsqu'il est survolé ou mis en focus. Il émettra une sorte de lueur bleue clignotante, un peu comme la Wii de Nintendo.

Il suffit d'ajouter cette même règle animation à une nouvelle déclaration :hover/:focus pour le bouton submit, comme nous l'avons fait avec les champs de saisie :

```
#thing-alerts input[type="submit"]:hover,
#thing-alertes input[type="submit"]:focus {
  -webkit-animation: pulse 1.5s infinite ease-in-out;
  }
```

L'animation pulse que nous avons créée précédemment pour les champs de saisie fait apparaître et disparaître une ombre bleue à l'aide de box-shadow, et l'effet fonctionne tout aussi bien sur le bouton (FIG 6.18), qui émet une faible lueur au survol ou lors de la mise en focus, comme s'il attendait que l'utilisateur clique enfin.

FIG 6.18 : Tentative d'illustration du clignotement de l'ombre du bouton au survol de la souris.

Et les autres navigateurs ?

En ajoutant des animations CSS, nous avons pour la première fois ciblé un seul type de navigateur : ceux qui utilisent le moteur WebKit. On peut d'ores et déjà prédire un bel avenir à CSS3 au vu de sa rapide adoption par Firefox, Opera et même IE9, mais vous vous demandez peut-être s'il est très utile d'utiliser les animations CSS à ce stade. Vous faites bien de vous poser la question.

Soit les animations CSS resteront à l'état de technologie WebKit, soit elles suivront la voie des transitions et des transformations et seront adoptées par les autres navigateurs. Quoi qu'il en soit, les animations CSS sont simples, consomment peu de ressources, et sont ignorées sans problème par les navigateurs qui ne les supportent pas. Les exemples que j'ai présentés étaient plutôt rudimentaires et je n'ai fait qu'effleurer les possibilités offertes avec une simple feuille de style et quelques balises. C'est une petite révolution qui mérite d'être expérimentée.

MISEZ SUR L'INTERACTION

Il est rare que des éléments de formulaire soient des éléments critiques pour l'identité visuelle, et c'est précisément pour cela que les formulaires offrent des opportunités d'enrichissement fantastiques.

Les éléments de formulaire peuvent prendre des apparences très diverses selon l'environnement de l'utilisateur, mais nous pouvons embrasser ces différences en choisissant de les enrichir en CSS, tout en sachant que les navigateurs qui ne supportent pas encore CSS3 afficheront tout de même des éléments de formulaire par défaut, familiers et complètement fonctionnels.

CONCLUSION

Bon, revenons sur Terre et décompressons un peu.

Nous avons évoqué quantité de techniques géniales (si j'ose dire) nous permettant d'utiliser CSS3 dès maintenant dans notre travail quotidien. J'espère qu'en démontrant à quel point ces techniques peuvent enrichir la couche d'expérience dans les navigateurs qui les supportent tout en se dégradant harmonieusement dans les autres, je vous aurai donné envie de les utiliser tous les jours, dans tous vos projets.

La vraie promesse de CSS3, c'est de pouvoir résoudre des problèmes de conception courants plus efficacement, avec moins de code et plus de flexibilité. Du moment que vous (ainsi que vos clients et vos chefs) acceptez qu'un site Web puisse être rendu différemment par différents navigateurs et appareils, le monde est à vous. Bienvenue à bord.

Au premier chapitre, j'ai dit que j'entendais souvent : « J'ai tellement hâte d'utiliser CSS3... quand il sera prêt. » Le but de ce livre était de prouver qu'il n'y avait pas besoin d'attendre. Commencez à expérimenter. Commencez à utiliser CSS3 pour les événements visuels non critiques de vos designs. Maintenant que vous savez ce qui marche, et surtout comment un élément de design se comporte quand ça ne marche pas, vous pouvez, en quelques lignes de CSS, produire des effets qui exigeaient auparavant beaucoup plus de temps et de code.

QUE FAIRE DES CLIENTS ET DES CHEFS QUI NE VEULENT RIEN ENTENDRE ?

Autre question que l'on me pose souvent quand je parle de CSS3 : comment l'utiliser dans le projet d'un client ? Comment présenter au client les avantages de CSS3 par rapport à d'autres solutions ? La communication est la meilleure solution : montrez à vos clients les économies de code et d'images. Montrez-leur en quoi l'expérience diffère dans les navigateurs qui ne supportent pas encore CSS3. Expliquez les avantages et les inconvénients.

Et si cela vous semble trop d'efforts, *just do it*.

Commencez à ajouter du CSS3 dans vos projets quotidiens et laissez à vos clients et à vos patrons le plaisir de le découvrir. C'est en naviguant sur le site et en interagissant avec celui-ci que vous avez découvert les exemples décrits dans ce livre. C'est intentionnel, évidemment.

Souvent, j'ajoute ces petites améliorations sans rien dire dans mes projets pour surprendre et émerveiller le client qui les découvre par hasard. Et surtout pour surprendre et émerveiller les visiteurs du client.

Vous voulez que ça marche dans tous les navigateurs ? Il vous en coûtera...

LE FUTUR DE CSS3

Et l'avenir alors ? CSS3 englobe beaucoup, beaucoup plus de choses, qui sont impossibles à traiter dans un si petit livre. Je voulais m'intéresser tout particulièrement à ce qui était applicable dès aujourd'hui et laisser de côté les modules plus expérimentaux qui ne bénéficient pas d'une implémentation aussi conséquente.

Mais l'avenir s'annonce radieux. De nouvelles propriétés sont implémentées à chaque itération ou presque de WebKit, Mozilla et Opera. Cette adoption rapide grâce aux préfixes de navigateur pousse à l'innovation. Restez à la page et tenez-vous au courant des dernières implémentations de ces navigateurs pour mieux connaître la réalité du terrain.

Le futur d'IE9 Beta s'annonce également très intéressant. Oui, vous m'avez bien lu. De plus en plus de propriétés CSS3 sont supportées par Internet Explorer, ce qui laisse présager plein de bonnes choses.

Un jour, nous pourrons nous servir de CSS3 non seulement pour enrichir l'expérience, mais également pour les concepts visuels critiques (la mise en page en particulier). L'attente est longue, mais nécessaire pour que tout se déroule correctement. Pour patienter, n'hésitez pas à vous servir de ce qui fonctionne déjà. Vous, vos clients, et les citoyens du Web en tireront profit.

LECTURES ET RESSOURCES COMPLÉMENTAIRES

CSS3.info présente l'actualité et les derniers développements de CSS3 ainsi que des exemples :

http://www.CSS3.info

Visitez également leur section preview pour voir les démos de propriétés spécifiques :

http://www.CSS3.info/preview

Je vous ai dit de ne pas lire les spécifications, mais pour avoir une vue d'ensemble, vous préparer pour la suite et voir le statut actuel des différents modules (brouillon de travail, recommandation candidate, etc.), visitez cette adresse :

http://www.w3.org/Style/CSS/current-work

Ou allez ici pour plus d'informations sur les modules eux-mêmes, voir comment ils sont répartis et ce qu'ils contiennent :

http://www.w3.org/TR/CSS3-roadmap

Les blogs de développement de tous les principaux navigateurs sont le lieu idéal pour se tenir au courant des dernières implémentations. Je vous recommande chaudement de vous y abonner pour savoir ce qui est adopté, rejeté ou testé :

http://webkit.org/blog
http://blog.mozilla.com
http://dev.opera.com/articles/css
http://blogs.msdn.com/b/ie

Plusieurs sites ont été créés sur le thème de l'interopérabilité et vous aideront à déterminer dans quels navigateurs fonctionne telle ou telle propriété :

http://caniuse.com
http://www.quirksmode.org/css/contents.html
http://html5readiness.com Ne vous laissez pas tromper par l'URL, ce site contient également des infos sur CSS3 !

Un certain nombre d'outils en ligne offrent un environnement visuel permettant de générer du code conforme à la syntaxe du moment, et sont d'excellents outils pour se former :

http://CSS3generator.com
http://CSS3please.com
http://gradients.glrzad.com
http://tools.westciv.com
http://border-radius.com

Et pour finir, des solutions en JavaScript peuvent vous aider à étendre le support de CSS3 à de nombreux autres navigateurs. Pour gérer les événements visuels critiques qui doivent impérativement fonctionner partout en utilisant CSS3, plusieurs options s'offrent à vous :

http://www.modernizr.com
http://ecsstender.org
http://selectivizr.com/ Émulation de sélecteurs de pseudo-classe pour IE5.5-8.

Merci de m'avoir lu ! Maintenant allez et créez. Voyez grand et codez petit.

INDEX

SYMBOLES

A

B

C

D

E

F

G

I

J

K

L

M

À PROPOS DE A BOOK APART

Le Web design est une affaire de maîtrise multidisciplinaire et de haute précision. C'est justement l'idée qui se reflète dans notre nouvelle collection de petits livres, destinée à tous ceux qui créent des sites Web. Nous traitons les sujets émergents et essentiels du design et du développement Web avec style, clarté et surtout concision, parce qu'un designer-développeur qui travaille n'a pas de temps à perdre.

L'objectif de tous les livres de notre catalogue, c'est de faire toute la lumière sur un sujet délicat, et de le faire vite pour mieux retourner au travail. Merci de nous soutenir dans notre mission : offrir aux professionnels les outils dont ils ont besoin pour faire avancer le Web.

À PROPOS DE L'AUTEUR

Web designer, auteur, mari et père, Dan Cederholm vit à Salem dans le Massachusetts. Il est le fondateur de SimpleBits, un petit studio de design. Expert reconnu dans le domaine du Web design standardisé, Dan a travaillé avec YouTube, MTV, Google, Yahoo, ESPN, Fast Company, Blogger et bien d'autres. Il promeut sa vision d'un design flexible et standardisé à travers son travail, ses écrits et ses conférences.

Dan est le cofondateur et le designer de Dribbble, une communauté pour les designers qui souhaitent partager en temps réel leurs projets du moment. Avant cela, il a cofondé Cork'd, le premier réseau social du Web destiné aux amateurs de vin.

Dan est l'auteur de trois best-sellers : *Handcrafted CSS* (New Riders), *Bulletproof Web Design*, deuxième édition (New Riders) et *Web Standards Solutions*, édition spéciale (Friends of ED). Il est accessoirement virtuose du ukulélé et friand de voyage spatial.

Photographie avec l'aimable autorisation de John Morrison, la NASA et Photoshop.

Certifié PEFC
Ce produit est issu de forêt gérées durablement et de sources contrôlées
www.pefc-france.org
PEFC/10-31-2007
BV/CdC/1702681

Achevé d'imprimer : EMD S.A.S.
N° d'éditeur : 8319 - N° d'imprimeur : 24395
Dépôt légal : janvier 2011
Imprimé en France

Cet ouvrage est imprimé - pour l'intérieur - sur papier Coral book 120 g des papeteries Sarria, dont les usines ont obtenu la certification environnementale ISO 14001 et opèrent conformément aux normes ECF et EMAS